学习是智慧的升华
分享是生命的伟大

利众者伟业必成

一致性内外兼修

成杰智慧

巨海101所希望小学

HOPE PRIMARY SCHOOL

上海巨海成杰公益基金会账号：1001288309300317095

开户银行：中国工商银行上海市临空支行

上海巨海成杰公益基金会理事长 张文熙：13916797448

《一语定乾坤》境界篇

1. 姜子牙对周文王说了什么，使周朝江山稳固八百年？
2. 刘邦说了什么，成就大汉江山？
3. 刘备在三顾茅庐中说了什么，打动了诸葛亮，定蜀国而三分天下？
4. 魏征对李世民说了什么，成就了贞观之治？
5. 孝庄对康熙说了什么，定其心，使其成为一代明君？
6. 孙中山对中国说了什么，成就了辛亥革命，建立民主共和？
7. 联想在和 IBM 联盟并约时，柳传志说了什么，成就了世界级的合作？
8. 乔布斯每次演讲一定要用的技巧是什么？
9. 马云说了什么，三分钟内获得亚洲首富孙正义两千万美金的投资？

巨海集团
一语定乾坤

川商
引领创富新势力
SICHUAN MERCHANTS

2013十大杰出青年川商

成杰

巨海集团 董事长

川商杂志社 全国川商理事会

大智慧

生命智慧的十大法门

成杰◎著

廣東旅游出版社
GUANGDONG TRAVEL & TOURISM PRESS
悦读书·悦旅行·悦享人生
中国·广州

图书在版编目（CIP）数据

大智慧：生命智慧的十大法门／成杰著．—广州：广东旅游出版社，2016.8（2016.9 重印）

ISBN 978-7-5570-0373-9

Ⅰ．①大…　Ⅱ．①成…　Ⅲ．①人生哲学－通俗读物　Ⅳ．①B821-49

中国版本图书馆 CIP 数据核字（2016）第 069182 号

大智慧：生命智慧的十大法门

Dazhihui：Shengming Zhihui de Shida Famen

广东旅游出版社出版发行

（广州市天河区五山路 483 号华南农业大学公共管理学院 14 号楼三楼　邮编：510642）

印刷：北京旭丰源印刷技术有限公司

（地址：北京市大兴区采育镇东半壁店村委会北 800 米）

广东旅游出版社图书网

www.tourpress.cn

邮购地址：广州市天河区五山路 483 号华南农业大学（公共管理学院）14 号楼三楼

联系电话：020-87347994　　邮编：510642

880 毫米 ×1230 毫米　32 开　9.5 印张　175 千字

2016年8月第1版　2016年9月第2次印刷

定价：45.00 元

目 录

第 10 大法门
生命的蜕变在于真正决定

推荐序

大志者，大智慧

青年是我师，我是青年友。

学生是我师，我是学生友。

我与成杰相识相知已多年，彼此间，如师如友，亦师亦友，可谓莫逆之交，忘年之交。

成杰被誉为“80后演说少帅”，他从“穷二代”到“高富帅”，的确难能可贵。幼年的他从穷乡僻壤历经了艰难困苦，来到繁华的城市之中，边工作边学习，边读书边奋斗，读万卷书，行万里路，阅人无数，拜名师，交贵友，遇高人；有德有识、有才有学、有智有仁、有勇有博、有真有善、有美有慧。

自从投入教育培训事业以来，他不仅能胜任培训、教学任务，而且还能著书立说，短短几年之中，著述有《一语定乾坤》《80后演说少帅成杰》《从优秀到卓越》等。

今天，成杰又完成了一部新作《大智慧：生命智慧的十大法门》，我有幸先睹为快，深深感到这是一部值得向海内外广大读者推荐的好书，也必将是一本利于增进智慧，促进成功的佳作。

我之所以积极向大家推荐成杰这本新作，是因为我俩有相似的经历，又有相同的志趣，我们都从困苦中走来，十分理解广大青年人的疾苦，也了解他们的憧憬与渴望。他们都希望找到智慧之师，走向成功之路。为此，我们都志愿献身于教育培训事业，共同完成一个铸魂育才的系统工程。

我现年 86 岁，从教 60 载，已走上社会演讲、培训 40 年。在“文革”后，我第一个走上社会演讲培训，40 年中，我一直在研究广大青年人的思想动向。大约在 1977—1982 年，从“文革”中走出来的青年，大多是“失”字号的人，他们讲：十年“文革”造成失学、失业、失意、失望、失败、失恋、失身、失魂……有所失就希望有所得，要改变自己的命运。

1982—1989 年，青年人中大多是“求”字号，求真、求善、求美、求爱、求出国、求发财、求致富，他们积极向上，奋发图强，竭尽心力刻苦学习，努力工作。

1989—1999 年，广大青年进一步看到国际国内的形势，为了祖国、为了家庭、为了个人进步，出现了一大批“超”字号的青年，他们要超越自我、超越历史、超越现实、超越常态、超越专家、超越父辈……这时，出现了这些像成杰一样优秀的

80后。

继而到了21世纪，2001—2016年，广大青年中出现了一大批“创”字号的人，他们要创造、创新、创建，要有创意，要做“创客”，要在天地人之中，找到新的坐标位，形成独特的精气神，创造至真、至善、至美。特别是十八大以来，为了实现“两个一百年”奋斗目标和中华民族伟大复兴的中国梦，许多人走在时代前边，要创造奇迹，像毛泽东同志青年时代所讲的“要做奇人，读奇书，交奇友，做奇事，创奇迹”。其中，成杰又是一个走在时代前边的智者和勇者。他成为这个时代中不是教授的教授，成为培训界的先进人物，成为我们的先驱和表率。

今天，成杰的著作《大智慧：生命智慧的十大法门》即将问世，这是一本应运而生的好书，书中凝聚了他30年来战斗历程中的心得，我认为其中包括：超凡的感悟，超常的智慧，超群的理念，超高的德行。

前些时候，我被联合国相关组织评为“世界当代八大文化圣贤”，我常想：这是一种责任，一种担当。总想继续殚尽心力，为人类文明做出新贡献，但我已到耄耋之年，又患有癌症，难以实现自己的理想。今天读了成杰的书，我十分高兴，感慨后继有人，后来居上。我从他的著作中感到：

一、书中有他多年在实践中生发的超凡的感悟。这些感悟超越了《心灵鸡汤》，因为它有中国式的语言和时代的特色。

二、书中有他多年学习中形成的超常的智慧。他能刻苦学习，博览群书，而且带领广大听众刻苦学习，形成一个好学向上的学习热潮。

三、书中有他教学中形成的超群的教育培训理念。他的课程改变了不少人的命运。

四、书中还有他在待人接物中拥有的超高的德行，人们说他因慈善而放大格局，为广大青年树立了样板，在他的学生中，出现了一大批德才兼备的好青年和成功者。

这本书有感情、有哲理、有新意、有趣味，是他著述的新高峰。古人讲："文似看山不喜平"，这本书高潮迭起，读起来不仅趣味盎然，而且能够在阅读中迸发出智慧的思想火花；这本书绝对是一本符合时代要求，引导人们走正路，不走邪路，走活路，不走死路，又能赢得大智慧的佳作。

最后，我想讲：

大本大元求大智，

大爱大美利大成，

求真求善又求美，

立德立言再立功。

成杰所言我赞成:“人生不设限，才能精彩无限。”

他年轻，又有智慧，有志向，又有胸怀和格局，必定前途无量!

落红不是无情物，化作春泥更护花。

2016 年春节正月十五日

中国演讲教育艺术家、巨海集团首席顾问

李燕杰教授写于神州智慧传习馆

推荐序

演说创造奇迹

爱徒成杰最新力作《大智慧：生命智慧的十大法门》即将面世，我为之欣喜，更为之惊叹不已。

该书充满智慧，而智慧是人生宝贵经验的积累。成杰多年人生智慧的迸发，形成此著作以问世。

成杰是个日日精进、锐意进取、严于律己、宽厚仁爱的年轻学者、讲师、演说家。与之相处，我深切感受到他拥有治学严谨、讲学认真、勤于思考、重于实践的作风。听过他演讲的众多学者、专家、企业家也一致认为他为学谦逊、严于律己，并深受其人格魅力的影响，受益匪浅。

我对成杰的欣赏不是一时相交的情愫，而是八年相识、相处的感触。

我们从 2008 年 5 月 12 日汶川大地震之后于新疆的“川

疆连心慈善义讲”上相识，之后，他公司的每一个年庆，我几乎都会到场，无数次的合作共事，他的治学态度、勤奋作风，以及待人处世中的淳朴善良，忠厚助人的行为举止，让我欣喜不已。

每次讲课前，他都会认真备课，有时甚至通宵达旦，其勤勉尽责，感人至深。在教育培训行业，他毫无保留地播洒自己的学识智慧，恪守向上向善与为人师表的行为准则、做人规范。他的培训课程既有经商智慧的累累硕果，更有教化他人修身治世的智慧启示。这在当今教育培训界确实难能可贵。

大家皆称赞：他的每场演讲句句落地有声，条条有据，智慧语录层出不穷，发人深省。他的每堂课都会做到有的放矢，使听者有不同的启迪与收获。

成杰被演讲界、培训界、文化界、传媒界赞誉为“80后演说少帅”，言之有理，语出有处，是他八年经营巨海公司，勤学不辍，奋斗不已的实谓。

我坚信他定会“芝麻开花节节高，百尺竿头更进一步”，在教育培训界取得更大的成就。

成功者的称谓，是赋予那些忠于职守、勤奋学习、善于思考、勇于实践者的。

我八年前送给他一幅书法，书“天道酬勤”四个字。在践行这四个字中，他以深刻独到的感悟努力着、奋斗着、精进着。

成功属于成杰是顺理成章之事。

我倾力推荐《大智慧：生命智慧的十大法门》，望读者破卷读书，定会有意想不到的收获，成为智慧与生命的强者。

中国演讲教育艺术家
巨海集团首席顾问 彭清一教授
2015年4月12日　北京

推荐序

那一天，你读懂

一个人，究竟要经历多少沧桑，才能读懂？

一个人，究竟要走过多少河川，才能证悟？

那一天，站在贫困山区希望小学的操场上，我们被眼前的一幕幕深深地震撼着。那是一群群衣衫褴褛的孩子，他们半蹲着围成圆圈，每群孩子的面前只有一个盆，装着一道菜：土豆。

那一刻，你泪眼婆娑，瞬间了然，“生命不是此时，那是何时？”

因此，你力行不辍，抬望眼间，已经捐建了7所巨海希望小学。

那一天，在北京天安门辽阔的广场上，你知道背着的是伟大父亲整个人生的春秋，你将汇聚一生最大的力量，背着身患重症，从贫困岁月中走来的父亲，一步一感恩，一步一祝愿，走向前方。

那一刻，你泪流满面，刹那顿悟，“一切皆是虚幻，只有爱是真实”！

因此，你披星戴月，努力飞翔，每年的行程可以绕地球十圈。

爱会让一切更美好!

爱会让一切更伟大!

一切行为的背后，都是满满的爱!

当年，你说：要用毕生的时间和精力来捐献101所希望小学，无数人难以置信，然而你坐言起行，用行动粉碎一声声质疑。

你——成杰，为什么能够一路披荆斩棘？为什么发展能够势如破竹？为什么能在世间获得如此高的生命能量？

2015年10月，巨海弟子班游学中拜会了传说中的京都陶瓷，在京瓷的文化馆中踱步时，我在社训前驻足良久，心潮澎湃，激动不已，社训是八个大字，读来振聋发聩：“动机至善，私心了无！”

成杰老师不正是这八个大字的践行者吗？演讲华丽优美、磅礴大气、举世无双，然，真正强大的能量是他的“无私”。

只有无私，才会纯净;

只有无私，才会勇敢;

只有无私，才会利他;

只有无私，才会果断；

只有无私，才会精进。

什么是智慧？

我曾站在耶路撒冷圣城的街头，圣城苍凉肃穆，思索；

我曾漂浮在死海，天际寂寥浩瀚，叩问；

我曾静坐于印度的菩提树下，方圆宁静如水，顿悟。

答案是什么？

佛经上说：不入巨海，不足以得宝珠；不生烦恼，不足以生智慧！

无限般若，原来就在成杰老师这本用生命铸就的书——《大智慧：生命智慧的十大法门》中！

花开的时候，你听见声音了吗？

风起的时候，你看见美丽了吗？

智慧无言，方寸之间！

你福报殊胜，这一瞬，开启属于你的奇迹……

刘育良

巨海教育集团副总裁

2016 年春

序 言

无志者，无以生智慧

智，法用也；慧，明道也。天下智者莫出法用，天下慧根尽在道中。智者明法，慧者通道。道生法，慧生智。慧足千百智，道足万法生。智慧，道法也。

智者是所有人的偶像，智慧是所有人共同的追求，当然，一个人的智慧不是先天就拥有的，那么，智慧到底是如何生发的呢？

一个人无时无刻都在抱怨，天气晴朗时，他抱怨阳光太过耀眼，天气阴沉时，他抱怨世界太过昏暗；一个人无时无刻都在感恩，得到时，他感恩万物的临在，失去时，他感恩世事的考验。这两种人谁更能在人生中进取，谁更能在时光中璀璨？当然是时时感恩的人。生命的拥有在于时时感恩，感恩是生发智慧的第一大法门。

一个人视线的焦点只在自己身上，他总是低着头，看着自己的手，自己的脚，为自我的得失而悲喜，慢慢地，他身边只有自己孤零零的影子相伴；一个人视线的焦点是芸芸众生，他总是抬着头，为别人的欢喜而欢呼，为别人的悲痛而黯然，慢慢地，他身边聚集了无数同气连枝的兄弟姐妹。这两种人谁的步伐更坚定，谁的未来更光明？当然是焦点利众的人。生命的能量在于焦点利众，焦点利众是生发智慧的第二大法门。

一个人对未来没有任何期盼，早上被闹钟催促着起床，白天像提线的木偶一样机械地工作，晚上被困倦裹进梦乡；一个人心中有伟大的梦想，早上激情万丈地向梦想进发，下午在追逐梦想的道路上尽情挥洒着汗水，晚上为了更好的明天储备着力量。这两种人谁的未来更辉煌，谁的人生更精彩？当然是心中有梦的人。生命的伟大在于心中有梦，心中有梦是生发智慧的第三大法门。

一个人每天躲在温室里，透过温室的玻璃，他看天、看地、看风景，从没经历过任何风吹雨打；一个人生长在最苦寒的地方，将血肉之躯投入世界，他以天为被，以地为席，在狂风暴雨中成长、成熟、成功。这两种人谁的生命更强大，谁的世界更宽广？当然是历经苦难的人。生命的强大在于历经苦难，历经苦难是生发智慧的第四大法门。

一个人把漂亮的玫瑰藏在家里，并给它罩上了厚厚的棉被，唯恐别人知晓，于是，花独自开了，又谢了；一个人把漂亮的玫瑰送给了他见到的所有人，每个人都忍不住感叹花的美丽，于是，在无数人的见证下花开了，又谢了。这两种人谁的日子更芬芳，谁的时光更多彩？当然是乐于分享的人。生命的喜悦在于传道分享，传道分享是生发智慧的第五大法门。

一个人前半生为财富钻营，后半生为健康奔波，待躺到坟墓里的时候，他既无财富傍身，也没有亲人留恋，赤条条正如来时一样；一个人发自内心地帮助人、影响人和成就人，待躺到坟墓里的时候，他的名字还刻在历史的长河里，他的身影还留在美丽的书卷上，他的音容笑貌还活在无数人的心中。这两种人谁的生命更有价值，谁的人生更有意义？当然是付出奉献的人。生命的价值在于普度众生，普度众生是生发智慧的第六大法门。

一个人的生命如死水，没有波澜，没有生机，日复一日年复一年；一个人的生命如大海，吸收日月精华，滋养着自己，润泽着别人，然后一次又一次的冲向远方。这两种人谁的心胸更加宽广，谁的生命更加绽放？当然是心灵富有的人。生命的绽放在于内在丰盛，内在丰盛是生发智慧的第七大法门。

一个人信天、信地，从不相信自己，他靠天、靠地，从不懂靠自己；一个人信天、信地，他更相信自己，他坚信人定胜天，只要万事用心一定能有所成。这两种人谁的未来更清晰，谁的人生更幸福、美满，当然是用心经营的人。生命的幸福在于用心经营，用心经营是生发智慧的第八大法门。

一个人十年不变，今天的自己和明天、后天的自己完全可以复制粘贴；一个人无时无刻不在不断地吸收沉淀、转化蜕变，他从丑陋的蛹蜕变成翩翩飞舞的蝴蝶，又蜕变成浴火重生的凤凰。这两种人谁的生命更充实，谁的人生更精彩？当然是不断成长蜕变的人。生命的成长在于日日精进，日日精进是生发智慧的第九大法门。

一个人晚上想了千条路，早上醒来走老路，心里万马奔腾，现实中却一直原地踏步；一个人决定了就行动，行动了就坚持，坚持了就有收获。这两种人谁离成功更近，谁更能迈向顶峰？当然是触动行动的人。生命的蜕变在于真正决定，真正决定是生发智慧的第十大法门。

“若人静坐一须臾，胜造恒沙七宝塔。贪嗔痴人不可教，无我本心承大道。”大智慧的道法容易理解，却并不是适合每一个人。我们永远也叫不醒一个装睡的人，如果一个人固执地坚持自己固有的观念、思路、行为方式，那么，再神奇的道法同样是过眼云烟。

同样，我们也无法叫醒一个贪睡的人，如果一个人坚持认为现有的生活是最理想的生活，是不应该改变的生活，那么，再响的诤言同样会被人置若罔闻。生发大智慧的前提就是不要做装睡的人，也不要做贪睡的人。

醒来吧，难道你想永远沉睡下去？

成杰

2016年5月

中国·上海于第228期“一语定乾坤”研讨会

第1大法门

生命的拥有在于时时感恩

世有感恩，则真情永在。

人立于天地，遵天地之伦常，修行于自我，品行正于世间，德望高于众人，皆因感恩之心。

父母长我育我，顾我复我，出入腹我。含辛茹苦、呕心沥血，欲报之德，是为感恩；

师者，循循善诱，谆谆教导，传我道，授我业，育我正已、正人，修已、修身，使我博学多识，欲报之德，是为感恩；

夫妻相伴，同甘共苦，风雨同宿，鹣鲽情深，朝观日出而作，夕数繁星而眠，不畏世事沧桑，艰难困苦。出则为我忧、为我思，入则为我衣、为我食，人生须臾，当携子之手，相扶终老，是为感恩；

友人知己，以同道为朋，以君子相惜，犹如钟子期与俞伯牙，高山流水，患难之交，同心同德，其利断金，同心之言，其臭如兰，是为感恩；

世间万物，取之于天地，长之于天地；日月星辰，风霜雨露，四季轮换，皆受之于天地恩泽，应报天地精微之恩。

贵人助我之恩、上司提携之恩、兄弟手足之恩、长者教化之恩、世人相助之恩……世间恩情诸多，常怀感恩，心如兰，馨香四溢！常怀感恩，心善志坚，无所不能！

谦卑得人缘，感恩得人助。聚人心，得众人成全，心怀感恩，成功日益趋近，财富得以增加。

人贵修心，具感恩之心，便有修心之本、慈悲之举、迁善之行；感恩之人懂付出，知幸福，感恩之人重情义，多珍惜；永怀感恩之心，常表感恩之情，生活充实而喜悦。

感恩始于爱，待万物仁爱厚德，慈悲为本，利他为先。心怀感恩，恩泽天下，惠及众生，此大爱无疆焉！必有福报来临。

感恩之心离成功、财富、健康、喜悦、自在和幸福最近！

【缘起】最深的人生参悟是什么

感恩的最好方式就是不辜负，在家庭中，对父母的不辜负是一切成功和幸福的根基。

小时候，我家特别穷，父亲患有严重的慢性支气管炎，冬天天气寒冷就靠火盆生火取暖。父亲总感叹说："要是有一个电热毯，那该多好！"每每听到这句话，我总会感到一阵心酸，发誓挣到钱后，一定要给父亲买一床最好的电热毯。

2001 年 2 月 16 日，我离开家乡，外出打拼，追寻人生的梦想。赚到钱后的第一件事，就是买了两床当时最好的电热毯寄回老家给父亲。当年春节回家，看到电热毯原封不动地躺在角落里，便问父亲为何不用，父亲支吾着说天还不太冷。次年春节回家，电热毯依然原封不动地放在那里，我又问父亲为什么还不用，父亲依然坚持说天还不太冷……年年如此。

后来，我从母亲的话中得知，父亲迟迟不用电热毯的主要原因是怕电费太贵。一辈子节俭的父亲感觉电费太贵了，以至于忍受着寒冷，而不使用能够带来温暖的电热毯！我慢慢地发现，父亲这辈子，节俭已成习惯，甚至在他剧烈咳嗽的时候，都是把一张纸巾撕成两半来用……

儿时，父亲经常给我讲伟大领袖毛主席的故事，每每讲完故事后父亲总是会说："要是未来有一天，能够到北京，到天安门广场，到毛主席纪念堂去看一看，走一走，瞻仰一下，那将是人生中多么幸福的事呀！"父亲的话深深地刻在我的心里，我把父亲的梦想，当作我的梦想；我把父亲的梦想，变成我梦想中的梦想。无论走到哪里，我都带着这一梦想，希望通过自己的努力去实现它！

2009 年冬，父亲病情加重，我决定接父亲来上海肺科医院治疗，可是父亲坚决不肯。我知道，当时我刚刚创业，手头拮据，父亲不想花我的钱，为我增添负担。无奈之下，我便通过村里长辈的力量去劝说父亲，父亲终于答应来上海接受治疗。父亲来上海治病，我心里想着让父亲在上海多待一段时间，多陪陪父亲，以便我尽一尽孝心。

可是，他一直挂念着家里的事情，急着要回四川西昌老家。拗不过父亲，我就对他说："要么这样，我带您去一趟北京。"父亲说："不去了，我还是直接回家吧！"我说："先去一趟北京，然后从北京回四川老家。"父亲依旧说，不去，不去。我说："爸，我知道您不是不想去，您很想去，在我很小的时候，您就梦想着有一天能到北京天安门看一看，您是怕花我的钱，可是，真的花不了多少钱。"就这样，经过一次又一次反反复复的沟通和交谈，父亲终于应允了。

2009 年 12 月 28 日，我们从上海飞达北京，当时北京的天气非常寒冷。北京天安门附近不能停车，车要停在很远的地方，我们只能步行前往天安门。父亲走得很吃力，步履蹒跚，看起来很近的距离，对于父亲来讲，却有着如同两万五千里长征般艰难。

这时，我向广场巡逻的警察询问毛主席纪念堂的开放时间。他说：你们要走快点，到 11 点 30 分，这里的工作人员要休息，毛主席纪念堂会关闭一段时间。我看了看表，已经 10 点 30 分了，如果错过了，有可能就会是一辈子的遗憾。于是，我想起了小时候，父亲背着我过河、爬山路去医院治病的情景。

我弯下身子，对父亲说：“爸，我背你走吧！”父亲犹豫了一下，我说：“没事，爸爸，我就是您背着长大的！做儿子的今天背一背您，是应该的。”父亲点了点头，说：“那好吧！”于是，我背着父亲行走在北京天安门广场上。那一刻，我是天底下最幸福的人，父亲也是幸福的。我终于帮父亲实现了他心中期盼许久的梦想。

人生的际遇很难捉摸，有时不经意的一刹那，注定成为永恒。

2013 年春，中原大地，万物初醒，我在河南郑州演讲后，来到少林寺后山三皇寨禅院拜访少林寺永化堂第十九代禅武医传人、河南嵩山禅武医研究院释德建院长。巍巍高山上，千年古刹中的世外高人，充满无尽的神秘感，让我心生向往。

我们一行几人从少林寺出发，走了两个小时，隐约看到禅院就在不远的前方。这时我们看到一个人，披着长衣，蹲在地上，正在种植蒲公英，便问道：“师父，怎么进禅院？”

那人微微抬头："你们过去就会有人为你们开门"。

进入禅院大门后，一个年轻的师父招待我们喝茶。半个小时后，师父来了，"刚才我们问路的那个人好像就是您呀？"同行中口快的人问道。"是我非我"，师父笑笑回答。

坐定后，我们聊了起来。

"师父，您这禅院的门为什么是关着的？"我问。

"大道无门。"师父答道。

"为什么是大道无门？"我追问。

"大道无门，处处便是门，入道之后，还需要门吗？道就是最重要的门，道就是所有的门。"师父回答。

"师父，您在这里待了近 30 年了，这 30 年中你最大的人生感悟是什么？"我问。

师父略一沉吟轻轻地说出两个字"感恩"，然后便跟我们讲起人生感恩的种种。之后三小时的碰撞，我被深深地触动，眼前的人生脉络前所未有的清晰起来。

我们说"出淤泥而不染"。在现今社会，有些人抱怨环境不好、生活不佳，的确，今天的环境是存在一些不如意，处处有"淤泥"的可能，而我们需要做的是："入淤泥，而心不染"，只要能以一颗感恩的心——感恩国家、感恩社会、感恩环境、感恩生活、感恩身边的每个人和每件事，我们的心是清净、纯洁、纯真、纯粹的，事事皆是清明。

人生没有太多的应该，只有一颗感恩的心。

【悟道】生命中一切的拥有都在于感恩

300多年前，一批100多人的欧洲移民来到美国，饥寒交迫下，不少人在头一年的冬天病死、冻死、饿死了，最后剩下的50多人，在当地原住民印第安人的帮助下，学会了钓鱼、打猎、种玉米……在第二年喜庆丰收的时候，他们举行了庆祝活动，感谢上帝的恩赐，感谢印第安人的帮助。这就是美国发展的源头，也是感恩节的由来。

人生成功的秘诀就是“永葆一颗感恩的心”。

感恩是主动的，抱怨是被动的；感恩是富裕的，抱怨是狭隘的；感恩是积极的，抱怨是消极的。世界上最伟大的力量不是“我爱你”，而是“谢谢你”。

生命中一切的拥有都在于感恩，所有成功的人都有一个共同的特征：懂得感恩。感恩之心离成功、健康、财富、喜悦和幸福最近。

● 感恩离成功和财富最近

新希望集团董事长刘永好说，感恩之心离财富最近，学会感恩更容易成功。他把新希望的成功归功于社会的稳定、政府的支持、员工的努力、客户的信任，而因为有了感恩的心，他得到了政府和员工更多的帮助。

感恩的人为什么最容易成功？因为，一个人越懂得感恩，他的贵人就会越来越多，他的运气就会越来越好，他身边愿意帮助他、支持他的人就会越来越多。

有这样一个故事：好心的面包师为了帮助饿着肚子的穷人的孩子，每天都会拿着一篮子面包分给孩子们，饥饿的孩子看到面包总是一拥而上，拿到面包就到一边狼吞虎咽地吃了起来，唯有一个小女孩总会最后一个过来，她每次都拿到最小的一个面包，礼貌地对面包师说一句“谢谢”，然后拿着面包回家跟父母一起分享。

有一次，妈妈切开她拿回家的面包，许多崭新、发亮的银币掉了出来，旁边有一个小小的纸条，上面写着：“漂亮的小姑娘，你的一句谢谢让我的每一天都充满快乐，这些银币是送给你的奖励，愿你永远保持一颗感恩的心。”

我们说成功者总是乐于助人，那么他们最乐于帮助哪一种人？是那些值得被帮助的人。而哪些人是值得被帮助的呢？我认为有两种人：

第一种是具备成功特质的人。“烂泥扶不上墙”的人，你去帮他，最后只能受连累，在付出大量的财力和物力之后，“你”和“他”落得两败俱伤。所以我们会选择帮助那些能成长起来的人。

第二种是懂得感恩的人。我们帮助别人的时候，往往不希望得到什么回报，而是希望在我们的帮助下，这个人有能力之后能够帮助更多的人。他应该是一个懂得感恩的人。

当一个人不懂得感恩，把别人对他所有的帮助都当作理所当然，又有谁愿意帮助这样的人呢？

● 感恩离喜悦和幸福最近

世界科学巨匠霍金是不幸的，他全身高位瘫痪，唯一能动的地方只有两只眼睛和三根手指，但他是幸福的。他说："我的手还能活动；我的大脑还能思考；我有终生追求的理想；我有爱我和我爱着的亲人与朋友；对了，我还有一颗感恩的心……"

很多时候，幸福和喜悦的感觉不是由处境和外在条件决定的，而在于我们有没有感恩的心。有了感恩的心，树上小鸟的轻唱，太阳无私的光照，路旁花朵的芬芳，都会令人感到喜悦和幸福。

为什么感恩的人会离喜悦和幸福更近？因为一个人懂得感恩时，他的内心会变得更加宠辱不惊、从容不迫、宁静致远，变得更有力量，而这种力量能形成一个强大的磁场，将喜悦和幸福吸引过来。

人们对"中国首善"陈光标慈善义举颇有了解，但他的浪漫婚姻却鲜为人知。很多人很难将他和一个对妻子一见钟情，十几年来仍经常说"我爱你""谢谢你"的浪漫丈夫联系到一起。"我的夫人，最吸引我的，是内在和外在一样美。"陈光标毫不吝啬对妻子的赞美，"当我不开心的时候，只要一想起她，我就会高兴起来。"

十多年来，岁月并没在他妻子脸上留下任何痕迹，一起外出，甚至会有人误认为她是陈光标的女儿，而陈光标非但不生气，反而会很开心、很自豪，“我怎么看她都看不够。”陈光标说自己是个既浪漫，又注重实际行动的人。

工作那么忙，但只要有一点空就会见缝插针地带妻子去旅游。每次出差回来，他还会雷打不动地给妻子带礼物，有时实在没什么好买的，也会带一枝花回家。“我觉得送一束花有点浪费了，送一枝花表示一心一意地爱你。”而妻子每次收到花，都会既开心又感动。

感恩妻子的付出，换来的是一回家就有热腾腾的饭菜和赏心悦目的微笑，换来的是妻子一心一意的爱和全心全意的付出。懂得感恩的人是最幸福的。

健康与乐观的心态息息相关，懂得感恩的人，自然拥有乐观、喜悦的心情，自然能赢得健康的身体。中国演讲教育艺术家李燕杰教授说：“永远保持乐观的态度，即可有病而无痛。”凭借着感恩、乐观的态度，他战胜了癌症，成了“年轻的老人，健康的病人”。

拿破仑征战沙场，赢得名誉与地位，夺得一切世间荣华，可他却对妻子说：“我这一生从来没有快乐过。”同样是沙场征伐，三国时期的诸葛亮为报主上知遇之恩，视权力与地位如过眼云烟，一心辅佐后主，鞠躬尽瘁，死而后已。

没有感恩之心，繁华的水珠折射出的只是幻象，破灭之后，人只剩下空洞的肉体，灵魂是不会快乐的。唯有感恩之心，才是人性至真至纯的情感，才能让人生充实而快乐。

● 因为感恩所以珍惜，懂得珍惜所以拥有

生命就是关系。一个人，与父亲的关系决定他的成就，与母亲的关系决定他的幸福。人生在世需要处理好各种各样的关系。人与人的关系，人与万物的关系，人与自己的关系，是人生中要处理好的三种关系，而这三种关系的维系都要靠感恩。当你真正懂得感恩时，生命关系就会越来越好。

一个家庭，一个家族，当大家都懂得感恩时，关系会更融洽；一个团队，一个组织，当大家都懂得感恩时，关系会更和谐。关系的背后是情感，而情感的核心就是感恩。

当一个人感恩社会的时候，他就会珍惜国家的富强，珍惜社会法制的健全，珍惜社会提供给的机遇，他就会去抓住机会、努力拼搏。

当一个人感恩公司的时候，他就会珍惜公司给他的机会和平台，珍惜领导对他的信任和器重，珍惜同事对他的关心和支持，他就会竭尽全力地用成绩来回报公司。

当一个人感恩家庭的时候，他就会珍惜每天吃到嘴的可口饭菜，珍惜干净整洁的家庭环境，珍惜美满祥和的家庭氛围，他会每天多拿点时间来陪陪家人。

宋代的米芾自小学写字，可学了三年，还是一塌糊涂，

不见有一点进步，私塾先生一气之下把他赶了出去。一天，有个赶考的秀才路过米芾的家乡，米芾听说他的字写得很好，就去求教。不料，秀才提了要求："你要跟我学写字，必须买我的纸，我的纸五两银子一张。"那个时候的五两银子相当于现在的 1500 元，够一家普通百姓吃用两个月了，可谓天价。

几经思索，米芾不想浪费这次机会，可母亲实在拿不出这么多钱，就把家里祖传的唯一一件首饰拿去当了，换来了五两银子。米芾把这锭沉甸甸的银子交到秀才手中，秀才给了他一张纸，并嘱咐他要用心写字。

米芾拿着这张纸回家后便要提笔练字，可一想到这纸是用母亲最珍贵的首饰换来的，他就不敢轻易下笔了，于是反复认真琢磨字帖，用手指在书桌上慢慢画着，渐渐入了迷。三天后，米芾终于郑重地下笔了，纸上呈现出来的字出乎所有人的意料，笔锋有力，结构合理，米芾这才领悟到秀才的良苦用心。自此之后，米芾珍惜每一张白纸，每每下笔，必在心里先练上几百遍，他这样勤学苦练，终于成为历史上赫赫有名的大书法家。

这就是珍惜的力量。

因为感恩所以珍惜，因为珍惜所以拥有，因为拥有而倍加感恩，这是一个不断循环增长的生命之环。有感恩才会有一切，有一切必须要感恩，当你对拥有的一切不懂得感恩，不懂得珍惜时，生命之环就会断裂，你拥有的一切也会离你而去。

美国的范德比尔特家族曾经是美国最富有的家族之一，可范德比尔特家族的后代却不懂得珍惜财富。

有资料显示，范德比尔特家族在曼哈顿的第51~59号大街之间兴建了十几幢豪华大厦，其中，57号大街上的1号大厦有137个房间，是当时美国最大的大厦。除此之外，范德比尔特家族还建造了十几个奢华的度假别墅，其中马布尔别墅的建造成本高达1100万美元，仅大理石的花费就达到700万美元，其门廊直到现在还经常被拿来与白宫对比。

除了建造豪宅外，范德比尔特家族还时不时地举办极度豪华的舞会。这个家族的多个后代每天沉迷于女色、酒精、美食、汽车、奢侈玩具、赌博……因为范德比尔特家族的奢靡无度，其一度被认为是“奢侈型消费”的代名词。结果，在创始人科尼利尔斯去世后仅仅48年，他的一个直系后代就在身无分文的状况下去世。范德比尔特家族在延续了130年后走向了衰落，现在已经销声匿迹了。

珍惜才会拥有，感恩才能天长地久。不懂得珍惜，再多的财富也会迅速消失；不懂得感恩，拥有的一切就会像手里的沙子一样，随指缝流散。

● 感恩是打开生命能量的开关

感恩的关键在于是否具有回报意识。回报，就是对哺育、培养、教导、指引、帮助、支持乃至救护自己的人心存感激，并通过自己十倍、百倍的付出，用实际行动予以报答，而报答的过程恰恰是成就自我的过程。

李嘉诚年少时，父亲多病，家境贫寒，一家人每日只能吃两顿稀粥，加上母亲去集贸市场捡拾的菜叶便是一天的伙食。“日后一定要让家人过上好日子。”李嘉诚暗暗发誓。父亲去世后，14 岁的他从泡茶的跑堂做起，每天第一个到店铺，最后一个离开，工作十几个小时，这对一个未成年的孩子来说，实在是一个残酷的煎熬，但李嘉诚一想到母亲和弟妹，一种责任感便在心头油然而生，他常常告诫自己：你就是整个家庭的支柱，就是再难也得拼下去。

感恩和回报的信念支撑着李嘉诚一路走来，逐步建立起自己强大的财富帝国。李嘉诚在 28 岁成功跻身百万富豪后，做的第一件事就是在列提顿道半山腰买了 200 平方米的豪宅，将母亲接来同住。

李嘉诚以感恩的心去努力拼搏，他成功了，也收获了内心甜美的幸福，更重要的是，因为感恩，他成就了自己精彩的人生。

英国作家萨克雷说：“生活就是一面镜子，你笑，它也笑；你哭，它也哭。”当我们感恩生命中的拥有时，拥有的东西就会越来越多。感恩是一种处世哲学，是生活中的大智慧，是一种歌唱生活的方式，是对生活的热爱与希望。

感恩，看似是一种付出，实则是一种收获。

感恩是打开生命能量的开关。一个人越感恩，他内在的能量就越强。在人类所有的正面情绪中，感恩是最有能量的。当你对某一个人感恩时，就好比在对他说“对我更好一点！再好一点！”；当你对某一件事表达感恩之情时，就仿佛是在说“让这样好的事情再来一点，再来多一点……”。你越感恩，这些好的人或事，就会越来越多地出现在你的生命中。

结果真的是这样：越感恩，越快乐！越感恩，越幸福！越感恩，越成功！

【践行】感恩最好的方式就是不辜负

2014 年 12 月 21 日，巨海集团 6 周年庆典上，我在“巨海孝道之星”的颁奖致辞中关于感恩分享道：“感恩的最好方式就是不辜负！”

“众里寻他千百度，蓦然回首，那人却在灯火阑珊处”。日常生活中，我们都有这样的体悟，把东西拿近了，拿到了眼皮底下，反而看不清了；相对的，远的东西却能看到每个细节。同样道理，很多人经常会犯这样的错误：把自己最差的脾气和最糟糕的一面给了最亲近和最爱的人，而把耐心和宽容给了陌生人。

说到感恩，人们很容易会想到，感恩社会对自己的栽培，感恩客户对自己的信任，感恩朋友对自己的支持，感恩公司提供了学习与成长的平台，在这里你不断地充实自我、完善自我，一天天强大自己，却总是会忽略感恩身边最亲近的人，是他们的默默付出，毫无所求的爱成就了今天的我们，而我们却视一切为理所当然。

我们应该感恩另一半，她把最好的年华给了你，不离不弃；她视你为生命中的唯一，全心全意；她嘘寒问暖，为你照顾孩子，赡养父母；他奋力拼搏，为你遮风挡雨，谋求更好的生活。有了感恩的心，日常的琐碎争吵、挑剔、不满，回头看时，一切都是浮云。

我们更应该感恩父母。生命是父母赐予的，应该感恩父母把我们带到这个世上，感恩他们的辛苦付出，把我们养大，这才是做人的根本。

感恩最好的方式就是不辜负身边的人，不辜负父母对你的期望，成为父母的骄傲；不辜负公司给你的机会和平台，为公司创造价值；不辜负家人对你的爱与付出，让你的家人过上更幸福的生活。

活出一团真气来，不负今生。

感恩在心，孝道于行

我们都知道，“孝”为会意字，上面一个“老”，下面一个儿子的“子”，合在一起就成了一个“孝”字。整个“孝”字宛如儿子背负着老子，寓意深刻，这告诉我们，生命代代相传靠的是子不负老。

父母固然都会望子成龙，但是他们更看重亲子间的互动之情。子女有所成就，父母会笑在眼里；子女反哺相敬，父母会乐在心里。

天意怜幽草，人间重晚情。《论语》有言：“父母之年，不可不知也，一则以喜，一则以惧。”牢记父母的年龄，会因高堂健在而高兴，也会为他们已入暮年而忧惧。人世间最大的悲哀莫过于“树欲静而风不止，子欲养而亲不待”。父母总有一天会老去，会离开我们，在我们还有机会表达自己感恩之情的时候，不要让自己留下遗憾，所以行孝要趁早。这个道理谁都懂，但是为事业为前途打拼的我们，很容易忘记。

感恩父母有三重境界：

第一重境界是陪伴。陪在父母身边，照顾父母，这是一种感恩，然而现代社会的现实情况是，很多年轻人都被迫为了理想外出打拼，“父母在，不远游”的要求有点难以达成。我们只能尽可能抽出时间，常回家看看。

第二重境界是传承。你把父母的勤劳、勇敢、善良、节俭、付出、奉献等精神品质传承下来，也是对父母很好的感恩。

第三重境界是超越。你能光宗耀祖，让父母为你感到骄傲和自豪，满足其精神层面的愉悦，是对父母对祖先最好的感恩。

《心地观经》说:“世间高莫过崇山，悲母之恩，高过须弥。世间重莫过大地，悲母之恩，重于大地。”不报答父母恩情的负担，比大地和须弥山的重担还沉重。感恩父母应该是我们一生最原始的动力。心中有爱，动力无限!

● 感恩的核心在于言传身教

巨海集团有一种孝道文化，它的落地方式简单而有力量，平凡而意味深长:为父母洗脚。这种看似平淡的做法却深深地影响了巨海所有同人的心灵。

2012 年 9 月，我和巨海集团副总裁秦以金在成都开完“演说智慧·终极班”研讨会，驱车 500 公里，来到我的家乡四川大凉山。

考虑到第二天就要回上海，我就跟母亲说:“妈，明天我就要回上海了，今晚让儿子给你洗个脚吧。”我搬了一个小板凳坐下来给母亲洗脚。这一幕刚好被秦以金老师看到了，他很受触动。第二天，在飞机上，他问我:“师父，您给妈妈洗脚的意义是什么?”我没有多做解释，只说了一句话:“体验到的，才是真实的。”

2013 年大年三十那天，他端了一盆热水，倒掉，又端第二盆，又倒掉，第三盆又倒掉，连续端了五盆热水，最后，他终于鼓足勇气，跪下来给父亲洗脚。

秦以金从小到现在，从来没看到父亲流过一次泪，而当他把父亲的脚捧起，放在洗脚盆的那一刻，父亲流泪了。第一次看到坚强的父亲流泪，秦以金再也控制不住自己内心的情感，泪水夺眶而出。

此时，秦以金4岁的儿子，也有样学样地端来了一盆热水，跟央视广告的情节一样，晃悠悠地走到他面前说：“爸爸，我帮你洗脚！”秦以金的泪水再次流淌下来，他的内心被爱充满了，他感受到了前所未有过的充实和幸福。

感恩的行动是可以蔓延的，它能一传十，十传百的发散出去，产生巨大的正能量。

一次，佛陀在路上遇到了一位年迈的老人，弯着背，拄着拐杖，蹒跚地走在路上，手里拿着碗，沿街乞讨，佛陀问：你这么大年纪为何还要乞讨为生呢？没有子孙赡养你吗？老人回答：我有7个儿子都已成家，他们只顾自己的小家不管我，我只得凄苦地乞讨为生。佛陀教化他：“现在是这根拐杖在支撑着你走路，帮你驱赶恶犬，你现在虔诚地感恩手里的拐杖，你的儿子定会因为你的感恩之心而懂得感恩于你。”

老人按照佛陀所说，时时念叨着感恩手里的拐杖，他眉眼间的悲戚一点点地消失不见了，脸上充满了笑容和慈祥，看到他的人纷纷感叹：“老人家你一定是有福之人。”慢慢地，这个消息传遍了整个城镇，儿子们闻名前来询问幸福之道，当他们看到这个老人是被自己弃养的父亲时，惭愧得无地自容，当他们听老人说了感恩拐杖的故事后，深受启发，纷纷争抢着要把父亲带回家赡养。

我对父母的孝心举动，常常被巨海同人当作榜样来学习。有一年春节,巨海集团绵阳分公司总经理李玉琦回家后，鼓足勇气提出给爸妈洗脚，他的爸妈都是那种感情不外露、不善表达的人，急忙说不需要，他坚持说要洗，爸妈还是推却，僵持了 3 分钟，最后他说，这是老师安排的家庭作业，父母说既然是老师安排的作业，你就洗吧。

就这样，他给父母洗脚了。他的堂弟堂妹看到后，也给自己的父母洗脚。李玉琦说，那年的除夕是他们家有史以来过得最幸福、最温馨、最感动的一天。

以身示范，才能将感恩传承下去。感恩的核心在于言传身教，看到了，体验到了，就会感悟到。我们都有老的那一天，希望子女怎么对我们，今天就应该怎么对我们的父母。希望明天合作伙伴怎么对我们，今天就应该怎样对我们的合作伙伴。这就是言传身教的力量。我们所说的感恩在心，感恩于行，就是感恩在心中，更要把它付诸行动。去践行感恩，生命才会更有价值。

很多时候，感恩很简单，它存在于我们工作和生活的每个细节中，一声“谢谢您”，一句“辛苦了”，一个微笑，一句赞美，一个亲吻，一次洗脚，送一朵花，去一次天安门，一次承担，都是我们表达感恩的方式，会带给对方无尽的喜悦。

很多时候，有些人并非不愿意表达感恩，而是天性内向，为人木讷、害羞，不好意思大声说“谢谢”，或是不懂得如何适当地向对方表达。这个问题的解决要靠习惯，当我们鼓起勇气尝试了三次之后，你会发现，第四次并不难了。当感恩成为习惯的时候，一切都变得自然而然。

● 感恩的根本是善良和慈悲

有不少人愿意跟我交往，愿意跟巨海合作。他们说跟你合作，我放心；跟巨海合作，我安心。为什么呢？他们的回答是：第一，你这个人很正直；第二，巨海的每个人都很善良。现代社会，善良是赢得信赖、凝聚人心的力量，而善良或慈悲的根本就在于有一颗感恩的心。

我对帮助过自己的贵人，一路跟随自己的合作伙伴和员工，感恩至深。宝马、奔驰、保时捷、路虎以及名表、房子，都曾被当作感恩的礼物送给我的合作伙伴和巨海同人。当然，感恩不能只用物质来表达，精神上的感恩，我也从不会忽略，信息问候、演讲时公开表达、把感恩的人和事写进书中……感恩父母，感恩贵人，感恩客户，感恩合作伙伴，感恩员工……感恩之后，越来越多的奇迹，发生在我的生命中。

古代兵法有云：“将欲取之，必先予之。”蒙牛创始人牛根生说：“财散人聚，人聚财散。”李嘉诚信奉“吃亏是福”，他说：“有时，看似一件很吃亏的事，往往会变成非常有利的事。”民间俗语：“吃亏就是占便宜”，当你以善良和慈悲的心去感恩时，很多时候会被称之为“傻”，其实，有些时候，傻才是最高的智慧。

种善因，得善果。种下善良，收获感动；种下美好，收获幸福。感恩是一种善行，内心无恶则无苦，善待他人、善待自己，内心自然温暖，人生必定圆满。

感恩惜福福更多，与爱同行行更远

李嘉诚说：“良好的品德是成大事的根基，成大事的机遇是靠遇到贵人。”“贵人相扶如天助”，贵人对一个人的成长非常重要，他们可能改变一个人的成长轨迹，可能决定一个企业的生死成败。可是，我们如何才能赢得贵人的帮助呢？

今天我能够取得这点成绩，离不开贵人的相助。在这里我着重提及三个人，上海雍丰酒店董事长成国斌给了我信任，上海统帅装饰董事长杨海给了我支持，山西百圆裤业董事长杨建新让我慈善的梦想照进现实，在他们的帮助下，我顺利度过了创业的艰难期。

2008 年 10 月，在创业半个月后的一天下午，我站在窗口给客户打电话，告诉大家我创业了。当我给成国斌打完电话后，不到五分钟，成国斌发来一条短信：成杰老师，恭喜你迈出了创业道路的第一步！未来，我一定会全力以赴地支持你！

这是我创业之后，收到的第一个支持“信号”！我顿时信心倍增。在每天都有公司“关门大吉”的上海，巨海公司能够存活下来，并呈现发展趋势，一年后从160平方米换成了300平方米的办公室，到今天2000平方米的办公室。

2009年5月31日，山西百圆裤业连锁经营股份有限公司董事长杨建新听了我的一场演讲。他看到年仅27岁的我，在台上满怀激情地告诉大家：“小时候，我的家乡很穷，村里没有学校，上小学都要经过一条很宽的河，许多孩子曾数次被河水冲走。从那时起，我就立下一个志向，长大以后，为家乡建一所小学。长大以后，我才知道，中国像我家乡那样贫穷的地方还有很多，一所学校怎么够？所以，我从2008年6月12日起，立下人生的梦想：要用毕生的时间和精力捐建101所希望小学！”

我的豪言壮语引起台下一片哗然，有人惊讶，有人大笑，有人悄悄对旁座说“不可思议，这也太夸张了”，有人冷眼旁观……此时，坐在台下的杨建新却心潮澎湃，因为他的心中也有一个跟我一样的梦想！

课间休息时，杨建新主动递给我一张名片，并告诉我：“关于捐建希望小学的事情，我们可以合作，一起捐建一所希望小学。”后来，每次演讲我都会说到这个伟大的梦想，但几乎每次听众都会一听而过，极少有人相信，更没有人主动要与我合作，杨建新的这一举措却让我很受感动，很受鼓舞。

一周后，我接到了杨建新助理高志强的电话，高志强说他是专门负责百圆裤业慈善事业的，这次杨建新安排他来与我对接共同捐建希望小学的事情！

杨建新，山西太原人，百圆裤业连锁经营股份有限公司创始人、董事长。从 1995 年起，专注做裤子 20 多年，做成了在全中国 28 个省市拥有 1700 多家连锁店的上市公司，做成了新晋商十佳年度人物。杨建新早在 2000 年前就已经开始了他慈善事业的步伐。近十年的时间，他在 8 省 20 个市、县的 10 所学校和其他团体捐赠钱物达 3912 万余元，其中有一次单次就捐了 2000 万！截止 2009 年，他已经成功捐建了 8 所希望小学！

在此之前，那仅仅是一个梦想，通往梦想的路在哪里，怎么走，我一无所知！有段时间我也联系过一些相关单位和慈善机构，都不得要领，似乎困难重重。但我从未想过放弃，每次演讲，我依然会满怀激情地向大家分享，并公布自己这个伟大的梦想。宇宙吸引力定律真的发生作用了，我成功“吸引”了这位拥有丰富经验的前辈杨建新，于是，梦想就此起航。

接下来的工作便是——实地考察，立项，签合约……2010 年 7 月 14 日，在四川省西昌市兴胜乡，西昌巨海百圆希望小学捐建仪式正式启动，2011 年 6 月 12 日，学校建成正式投入使用。

感恩惜福福更多，与爱同行行更远。因为感恩，我的身边聚集了贵人；因为心中有爱，更多有大爱的人与我走到了一起。感恩让我的人生更加完美。

● 打开心量，放下自我，活在当下，奉献真爱

在罗斯福还没有当选总统之前，一次，他家被盗，被偷去了不少东西。一位朋友知道后，写信安慰他。罗斯福在回信中写道："亲爱的朋友，谢谢你来信安慰我，不过不用担心，我现在很好，感谢上帝：第一，贼偷去的是我的财物，而没有伤害我的生命；第二，贼只偷去我一部分东西，而没有偷去全部；第三，最值得庆幸的是，可悲的贼是他，而不是我自己。"失盗是不幸的事，而罗斯福却能很快找出三条感恩的理由，他观念的转变让失窃不再是一个灾难。

思想决定行动，行动决定习惯，习惯决定性格，性格决定命运，当我们知道了感恩的意义之后，最重要的是要在思想上植入感恩的理念，那么什么是感恩的理念呢？

2015 年 3 月 18 日，我去浙江香海禅寺拜访有企业家心灵导师和禅修引领者之称的贤宗法师，在交流中我请教贤宗法师：您一生中最有感觉的一句话是什么？贤宗法师说："打开心量，放下自我，活在当下，奉献真爱。"

"打开心量"。当我们的心量很狭小时，即使今天发生了一件很小的事，我们也会为之难过、为之忧愁、为之生恨。

就是因为我们不断地放大今天所发生的事情，以至于觉得这事情无限重要，无限大，结果度日如年。正确的做法是，我们应当不断地把今天所发生的事情缩小。试想，如果你可以活八十岁，那么今天所发生的事情在你的一生中又算得了什么呢？简直是不值一提的。

那么，我们为什么要不断地放大它，因为一件事，而不再去想过去，不再去想未来呢？为什么我们要为了一件事而与自己的亲人、至交发火呢？就是因为人生的心量不够开阔！所以，大家在人生的道路上要把自己的心量修得如同“虚空”一般开阔，那么你的人生必是快乐、辉煌的。

再说“放下自我”。我们为什么不快乐？就是因为我们总是考虑自己的利益得失。当我们总是在考虑自己时，许多行为就会受到限制。正如同被关在斗室之中的苍蝇，它飞不出四围的墙壁，因而打乱了自己的步伐，它不再能够寻找到生命的缝隙。而人呢，如果不放下自我，也就是给自己设置了很厚重的心墙，让自己处处受限。

我们应当记住，帮助别人、利益他人，得到最多的会是自己。反之，一味着眼于一己私利，结果往往适得其反。如果大家都能够力所能及地帮助周围的人，周围的人将会喜欢与你相处，最后你就可能成为他们的领袖，未来的人生更有可能达到理想的状态。所以，尽量用真爱去帮助别人，不要把对自己的“利”字看得太重。

第三句“活在当下”。当下是人生中最特殊的时刻，当你揽镜自照，当下的自己永远比下一刻的自己要年轻、要美丽，这就是当下的奇迹，时间的奇迹。它是过去与未来的转折，你要明白从哪里来，到哪里去，更重要的是明白你在哪里。作为领导者应该明白，那些不能够积极融入当下的人，做事的积极性必不会很高，你交给他十分，他可能只会完成三分。活在当下,这是对于生活态度的基本考量。在人生的道路上，学会激发自己的能量，是十分重要的。

最后，就是“奉献真爱”。我们要把自己的阳光、能量、包容、真爱不断地奉献出去，奉献得越多，人生就越辉煌。

【觉醒】你是否把感恩变成一种习惯

世界上研究感恩之心最著名的学者和作家罗伯特·埃蒙斯（Robert Emmons）认为“感恩是内心对现在生活的惊喜、知足和欣赏”。人们以感恩的心态对待生活，生活中的不幸会越来越少，幸运会越来越多。

有了感恩的心，我们还要懂得珍惜与表达。在《幸福多了 40%》这本书里，心理学家索尼娅·柳博米尔斯基把“表达感恩之情”列在“十二项幸福行动”之首，足见感恩的意义和价值。

每天，我们都应该自问一句：我今天有没有做到感恩？那么，在日常生活中，我们应该如何将感恩付诸行动，将感恩转化成习惯呢?

第一步，每天早上醒来，我们默念三遍感恩的八个理由：

1. 感恩之心将带给我用心体验生活中的美好经历；

2. 感恩之心将提升我的自身价值，增强自信心；

3. 感恩生活有助于我应对压力和伤痛；

4. 感恩有助于培养我善良仁德的品行；

5. 感恩有助于我加强人与人之间的感情和建立新的人脉关系；

6. 感恩有助于我以平常心面对生活；

7. 感恩与愤怒、痛苦、贪婪这些负面情感是互相排斥的；

8. 感恩有助于阻止我沉迷享乐、陷入懒惰。

第二步，每天晚上睡觉前，我们问自己这五个问题：

今天有没有至少一次感谢父母的养育之恩?

今天有没有对别人的帮助给予感谢感恩?

今天有没有注意到别人的善意?

今天享受到了大自然的哪些恩赐?

今天自己发生了哪些值得感恩的变化?

第三步，我们要主动去分享内心的感恩。

1. 我们可以写感恩日记。研究显示，每周写一次感恩日记对提升幸福水平最有效。日记可以让我们重温感恩时的情感悸动，完成心灵上的情感升华。

2. 我们可以与朋友和家人分享生活中值得感恩的事，一方面他们可以在遗忘和懈怠的时候提醒我们、鼓励我们，另一方面，这种方式可以将感恩传递出去。

3. 制订感恩计划，我们可以通过电话、微信或当面表达等方式向身边人表达感恩之情，克服羞涩心理，完成感恩计划，我们会发现自己活得更加自信和知足。

触动行动

感恩从当下做起，请列出您的感恩计划

第 2 大法门

生命的能量在于焦点利众

水洗万物而自清，人利众生而自成。

佛家有云："利众上可成无上佛果，下可得世间之福报"。利众是品德，是修为、是生命价值所在；利众，可得人缘，得人助，得人心，可得世界和平，众生欢喜，社会和谐！利众，在于出"小我"而求"大我"；出"小爱"而求"大爱"；弃"一己之爱"而弘扬"众生之爱，天下大爱"。

青史留名者，皆利众。黄帝，建舟车、制音律、创医学，为利众；武王伐纣，为天下苍生，为利众；华佗悬壶济世，为利众；李白、杜甫，诗千篇，为利众；岳飞爱国忧民，精忠报国，为利众……孙中山天下为公为利众，毛泽东为人民服务为利众……历史长卷，利众者，若繁星灿烂，照耀古今，为后人传颂。

精忠爱国者保和平，博学多才者著述等身，医学大成者救死扶伤，能工巧匠者广建楼宇，师者传道授业解惑，商者求发展促经济……此皆为利众。

"所有世间乐，悉从利他生；一切世间苦，咸由自利成。"世间安乐，皆来自善法，诸多烦苦成于自私自利；“自欲乐生三界苦，利他心中生善乐”，痛苦源于自私自利，安乐源于无私利他，断舍自爱之偏执，发心菩提，济惠众生，则众生成全！

利众如地，无言无语，厚德载物，滋养万物，供万物生养，却以其不自生而长生。

利众，需以众为我，以心为本，从善心出发，给人信心，给人欢喜，给人帮助，给人方便，给人希望。一念利他心，成世间安乐果。

人应如水，利万物而不争，至善至柔，微则无声，巨则汹涌，与人无争而润泽万物。人生大道，乃利众之道。

一个人选择了自私自利，就选择了渺小的自己；一个人选择了无私利他，就选择了伟大的自己。

人，眼有大众之影，耳有大众之声，心有大众之功，身感大众之惠，发心修行，增福开慧，利益众生。

利众者伟业必成，一致性内外兼修。利众者，心量似海，内修于心，外施于行，利益众生，则众生成全。

利众者，人生如花，绽放精彩；利众者，广结善缘，福报连连。

【缘起】生命的意义等于帮助

2008 年 6 月 12 日，那是汶川地震发生一个月的时候，我受邀参加“跨越天山的爱”大型慈善公益演讲，为汶川灾后重建募集善款。到了义讲现场，我很惊喜地遇到了中国演讲家彭清一教授。

要知道，这场演讲没有一分钱的演讲费，甚至连来回的机票都要自己出，而一来一回需要占用 3 天时间。会务组一开始邀请了 8 位演讲嘉宾，最后到场的只有我们两位，同样是“傻”得“倒贴”的人，我和彭清一教授惺惺相惜，很快就相谈甚欢，成了忘年交。

慈善义讲开始了，1280 多个座位的会场座无虚席，过道中还站了很多，我和彭清一教授一老一少开始了一整天的激情演讲。在整个演讲过程中，几乎无人离开。为了帮助汶川灾区，充满爱心的听众纷纷上台捐钱捐物，很快就筹集到了近百万的善款，场面十分感人。年近八旬的彭清一教授眼眶湿润了一次又一次，他多次声泪俱下地感谢大家的爱与付出。

看着台下观众的热情，看着旁边彭清一教授眼角的热泪，我被深深震撼了。

我问自己：“生命的意义是什么？”“人活着究竟是为了

什么？”

生命的意义在于帮助！你能帮助到多少人，你的人生就有多大价值！

我内心深处沉睡已久的大爱被激活了。我是穷人家的孩子，小时候，身边有许多因为没有钱而上不起学的同伴，包括我自己。那时我就有过这样朦朦胧胧的想法：等到我长大有钱了，一定要建一所希望小学，让那些像我一样没钱上学的孩子都能上得起学。儿时的梦想一下子清晰了起来，是时候行动了。从那一刻起，我定下了人生目标：用毕生的时间和精力捐赠 101 所希望小学，让上不起学的孩子有书读！

内心深处一扇尘封已久的门，在那个爱心沸腾的下午，被打开了！如同古代习武者突然被高人打通任督二脉而功力大增一般。定下这个目标之后，我的整个人生格局被打开了，人生跨入了一个全新的阶段……

【悟道】水洗万物而自清，人利众生而自成

一个企业的老板曾经问世界顶尖管理大师德鲁克：“如何才能让自己的企业有更快、更好、更大的成功？”德鲁克说：“通过你问的这个问题，我就觉得你很难成功。”

这个年轻的老板就问，“为什么我只问了你一个问题，

你就觉得我很难成功呢？”“因为你想到的是如何让自己更快、更好、更大的成功，你的焦点是利己，而不是利众，你只是想到自己成功，没有想到更好地去为别人提供价值，所以你很难成功。即使成功，也难以真正地持续。”

一个企业家只有成为造福社会、成全更多生命的人，才能真正地获得成就。当你问我的问题不是如何让自己更快、更好、更大的成功，而是如何能够更快、更好、更大地为社会贡献价值的时候，也许你就能取得更大的成就了。

自利则生，利他则久。

人生的首要突破，就是超越利己主义，这点我一直在努力修炼中。

在确定了创建101所希望小学的目标后，我发现，仅靠个人演讲的收入建一所希望小学还勉强可以实现，建101所希望小学……那就等同于痴人说梦。于是，2008年10月份，我踏上了创业之路，创建了上海巨海企业管理顾问有限公司。

巨海公司从最初的5人创业团队发展到今天1000多人的精英团队；从在上海只有一家公司发展成为在上海、杭州、温州、成都、绵阳、重庆、南通、苏州、银川、乐山、眉山、金华、义乌、宁波、嘉兴、柳州、泸州等地拥有多家分公司。在巨海公司的发展过程中，我梦想中的希望小学也一个个建立起来。与其他公司波折坎坷的创业之路相比，我的创业道路显得格外平坦和顺畅，原因何在呢？

● 利众让生命更有能量

很多企业家来跟我学演讲，他们觉得演讲会紧张。为什么会紧张呢？因为他们在乎别人对他们的看法，在乎别人对他们的评价，我会告诉他们，这个问题很好解决。

人有三种阶段：小我，大我，无我。个人利益至上，先考虑自己，再考虑别人，这种人属于小我的状况。先人后己，先考虑别人再考虑自己，这种是大我。很多人是处于从小我到大我的过程中。如果只考虑别人，从不考虑自己，这叫无我的状态。

人有两利，利己和利众，很多人是先利己再利他，而“无我”的人做到了利众。当一个人在台上只关注“小我”的时候，他自然会紧张，害怕别人的看法，但当他进入“无我”的状态，以利众、帮助他人的心情登台演讲的时候，他将释放出强大的能量。

处于小我中，你的焦点是：我在乎你的掌声，我在乎你的感觉，我在乎你的表情，我在乎你对我的认同。当处于无我中，你的焦点会变成：我的出现是来帮助你的，我的出现是来普度你的，我的出现是来照耀你的。在这种状态下，紧张当然不复存在了。

我们身边有很多这样的例子。当一个老板说，我要赚更多的钱，我要买更好的房子，我要开更好的车子，这个老板一直想的是自己，他的财富将会很快消失。相反，当这个老板说我要让更多的人和我一样脱贫致富奔小康，要一样有房有车，那这个老板的财富会越积越多，他的企业会越做越大。为什么？

当一个领导人发自内心地去成就别人，帮助别人的时候，就是无私的，是非常有能量的。作为一个老板，是想通过一群人来实现自己的梦想，让自己赚更多的钱，让自己有房有车，你是心虚的，这是自私的行为，是不能长久的。

有人问我，创业八年来，你最大的收获是什么？我觉得最大的收获不是赚了多少钱，有了多大的影响力，有了多高的出场费，而是在八年创业的过程中，我的人格趋近于完善，这是一笔无形的巨额财富，充满无限正能量，必将受益终生。

为什么今天我能够得到无数巨海同人的尊重，得到巨海无数顾客的敬畏、尊重、敬仰？关键在于他们看到我的人生是无私的，比如说捐建 101 所巨海希望小学，比如他们看到我所做的每一件事情是让员工能够成长，能够发展，能够实现物质和精神的双富足，能够通过自己在巨海平台的努力，有房有车，实现梦想。这些形成了我生命中的能量。

● 成全了别人，最终必能成就自己

在一个漆黑的夜晚，远行寻佛的苦行僧走到了一个荒僻的村落中，漆黑的街道上，村民们络绎不绝地默默前行。

苦行僧转过一条巷道，他看见有一团昏黄的灯光从巷道深处静静地照过来。身旁的一位村民说："瞎子过来了。""瞎子？"苦行僧愣住了，他问身旁的一位村民，"那挑着灯笼的真是一位盲人吗？"他得到的答案是肯定的。

苦行僧百思不得其解：一个双目失明的人，他根本就没有白天和黑夜的概念，他挑一盏灯笼岂不让人觉得可笑？

那灯笼渐渐近了，僧人困惑地问："既然你什么也看不见，那你为何挑一盏灯笼呢？"盲人说："我听说在黑夜里没有灯光的映照，满世界的人都和我一样是盲人，所以我就点燃了一盏灯笼。"僧人若有所悟地说："原来你是为别人照明？"但那盲人却说："不，我是为了自己。""为你自己？"僧人又愣了。

盲人深沉地说："虽说我是盲人，什么也看不见，但我挑了这盏灯笼，既为别人照亮了路，更让别人看到了我自己，这样，他们就不会因为看不见而撞到我了。"

苦行僧听了，顿有所悟。他仰天长叹说："我天涯海角奔波着找佛，没有想到佛就在我的身边，原来佛性就像一盏灯，只要我点燃了它，即使我看不见佛，但佛却会看到我的。"

日本经营之圣稻盛和夫有这样一个观点：自利则生，利他则久。自利是人的本性，自利则生；没有自利，人就失去了生存的基本驱动力。同时，利他也是人性的一部分，利他则久；没有利他，人生和事业就会难以持续成功。

稻盛和夫经营思想的核心就四个字：敬天爱人。所谓“敬天”，就是按事物的本性做事。这里的“天”是指客观规律，也就是事物的本性。他坚持将正确的事情用正确的方式贯彻到底，按事物的本性要求去做事，则无往而不胜。所谓“爱人”，就是按人的本性做人。这里的“爱人”就是“利他”，“利他”是做人的基本出发点，利他者自利，要从“自我本位”转向“他人本位”，以“他人”为主体，自己是服务于他人，辅助于他人的。

对于企业来说就是“利他经营”，这个“他”是指客户。广义的客户包括顾客、员工、社会和利益相关者。要从“企业本位”转向“客户本位”，全心全意为客户服务。只要为客户创造了价值，企业也就可以从中分享价值。

对于领导人来说，你发自内心地成就人，自然就会把事业做大，你能够成就多少人，你就能做成多大的事业。

2008 年 7 月 24 日，金融危机爆发，市场形势十分恶劣。在这种情形下，马云明确指出，在经济冬天里阿里巴巴更重要的任务是——帮助中小企业过冬，帮助他们生存下去。马云看得很透彻：“如果我们的客户都倒下了，我们同样见不到下一个春天的太阳！帮助这些企业渡过难关是阿里巴巴的使命。”

2008 年 10 月 14 日起，阿里巴巴集团宣布启动为帮助中小企业“过冬”这一生存发展的特别行动计划。阿里巴巴将集结阿里巴巴 B2B、淘宝、支付宝、雅虎口碑、阿里软件等所有资源，全力以赴地帮助中小企业渡过“生存难关”。在马云的推动下，许多中小企业获得了更多来自俄罗斯、巴西、印度等国家新兴市场的采购订单，另一方面，很多中小企业还顺利实现了融资，得到了救命钱。

马云帮助中小企业从金融危机中走了出来，越来越多的中小企业开始汇聚在阿里巴巴周围。阿里巴巴成了行业第一，淘宝成了行业第一，成人者天成之，马云成全了别人，最终成就了自己。

君子爱财，取之有道，君子散财，行之有道，利他之心的回报是不可思量的。

● 焦点利众，众人成全

有些人你一见面就会被他说服，一见面就会喜欢他，一见面就准备和他合作。而有些人不管怎么跟你谈，你都不愿意和他合作。这两种人的区别是他们的能量场不同。你生命的焦点是在利众的时候，你生命的能量就会变得十分的强大，你就会成为别人喜欢并愿意合作的人。相反，如果你生命的焦点在自私自利的时候，生命的能量场就会变得很弱，大家都会纷纷逃避你、远离你。

焦点利众的时候，就会得到更多人的支持和成全。这一点，我深有体会。当我说要用毕生的时间和精力来捐建 101 所巨海希望小学时，不知不觉我身边出现很多贵人，有时出现超级亿万富翁，有时出现上市公司老总，他们愿意跟我成为朋友。

超级亿万富翁、上市公司的老总愿意跟我成为朋友，他们看中的不是我的成就大小，不是财富多少，而是我有一颗利众利他的心。他们知道我要用毕生的时间和精力来捐建101所巨海希望小学，很受感动，便主动打电话给我表示愿意做出一点点力所能及的贡献支持我的梦想。所以，焦点利众就会众人成全。

一个人选择了自私自利，就选择了渺小的自己；一个人选择了无私利他，就选择了伟大的自己。

【践行】利众者伟业必成，一致性内外兼修

领导的魅力来自于哪里？我认为，领导魅力和领导权威就来自于一致性。当你表现出一致性的时候，就有魅力，就有权威。一个领导说一套做一套，总是不一致，就没有魅力，没有权威。

一位领导者做人的基本准则是行胜于言，兑现大于承诺，这样你的魅力就会彰显。今天很多培训行业的老师，都会夸大其词，承诺一大堆很难做到的东西。作为巨海的创始人，在创业的第一天，我就讲了这样一句话：巨海公司不仅仅要成为中国培训界最会讲的公司，还要成为最会做

的公司，讲和做一致，是我们追求的一致性内外兼修。

内修的是一个人的心，一个人的精神，外修的是一个人的行动，一致性内外兼修就是通过不断的行动实现心中所想，进而让你的内心变得更踏实。在工作和生活中，我一直要求我自己和我的弟子们，一定要让自己更具一致性。当一个人表现一致的时候，大家就会变得踏实，他个人就会变得有能量，变得淡定。为什么有些人会紧张、恐慌、焦虑，就是因为他的说和做不一致。

● 慈悲为本，利他为先

站在演讲台上，是尽情表现自己，想方设法得到别人的认同，还是忘我地付出，竭尽全力让听众得到更多，学到更多，体验更多？成为演说家之后，我经常思考这个问题，最终选择了后者。

与大多演说家热衷于讲自己的故事不同，我在课堂上讲得更多的是实战的内容，这样会不会稍显平淡？我认为，自己的故事当然要讲，但我不想花太多时间来炫自己。我总想尽量给大家多一些实用的内容，多一些拿回去就能马上用于工作和生活中的智慧。这样才不枉费企业家们几天宝贵的听课时间！

每次讲完一堂课，我总会请助理整理出一份详细的课程笔记，通过博客、微博、微信、邮件等各种方式，免费提供给大家，让更多人受益。很多人对我这种做法表示质疑：“难道不怕被别人‘偷学’吗？”

我会告诉他们：“若真有人‘偷学’，那也只能学到今天有限的一部分，而学不到明天无限的智慧。我要用我成长的速度震撼学员。一个每天都在学习成长的人，是不怕被‘偷学’模仿的。不是有那么一句话吗？一直被模仿，从未被超越！”

演讲如此，做企业也如此，做人更如此。我以慈悲为本，以利他为先，常常把焦点放在别人身上，放在众人身上，设身处地为对方着想，为员工着想，为学员着想，为合作伙伴着想。这成了我成功的捷径，成了巨海迅速发展的根本。

● 自私自利让人变得渺小，无私利他让人变得伟大

有一个人想知道天堂和地狱的区别，上帝把他带到一个大厅中，里面支着一口盛满了热汤的大铁锅，散发着香气。周围一层层地挤满了人，可是这些人却饿得面黄肌瘦。为什么呢？因为他们每个人手里都拿着一个长把的勺子，柄太长，盛了汤以后无法送到自己嘴里，所以谁也无法喝到汤。上帝对那个人说：“这就是地狱。”

上帝带他来到另一个大厅，情形就像刚才所见到的一样，每个人手中也同样有一把长勺。但这里的人个个营养充足、满面红光。什么原因呢？原来，这里的人吃饭时总

是彼此用自己手里那把很长的勺子舀了汤后喂对方喝，这样，每个人都能很顺利地喝上对方舀的汤。上帝对那个人说：“这就是天堂。”

所有世间乐，悉从利他生；一切世间苦，咸由自利成。自私就是地狱，无私就是天堂，选择了自私就选择了渺小的自己，选择了无私就选择了伟大的自己。一念为地狱，一念为天堂，天堂与地狱的根本界限就在于你的心是利己还是利他。

人不是本身就伟大的，而是无私让你变得伟大。心地无私天地宽，无私让你变得淡定、从容、坦荡，从而让你获得能量。

“有一天，我们的后代会去博物馆参观，看看贫穷究竟是个什么样子。”这是尤努斯的一个梦想，也是他挑战贫困现象的宣言。

一次偶然的机会，尤努斯在乔布拉村采访时，遇到了一位靠制作并售卖竹椅谋生的妇女。当他知道这位妇女每天辛劳工作却只能赚 2 美分时非常惊讶。原来，当地有不少村民，因为没有购买制作竹椅原材料的本钱，只得向当地商人借钱，而当地商人开出条件：只允许他们把竹椅卖给他，而且收购的价钱还得由他定。

了解到这一情况，尤努斯萌生了向这些没房产的穷人提供借贷的想法。

“穷人不可能准时还款的”，当说出自己想法的时候，很多人都这样质疑尤努斯，他却大声地反驳："不试试看，怎么知道呢！"在1976年至1979年间，他在村里开始了试验，以自己为担保人向穷人们提供小额贷款，这个试验成功地改变了大约500位借款人的生活。他也不断地去游说孟加拉中央银行和商业银行采纳他的试验。

经过30多年的努力，尤努斯创办的格莱珉银行已使得600多万孟加拉穷人摆脱了贫困。他的小额贷款的理念也传播到50多个国家和地区，赢得了众多国家的认可。世界银行聘请他担任顾问委员会的领导人，在全世界推广他的理念。

他还获得了无数的奖项和头衔：2006年诺贝尔和平奖，《亚洲周刊》"最有影响力的25位亚洲人"，帕坦尔全球理解基金会颁发的"2006年度世界公民奖"，等等。此外，包括哈佛大学在内的无数学院授予他名誉博士称号。

经济学家张五常这样评价尤努斯："孟加拉国的穆罕默德·尤努斯是个银行家，当然算一个经济学家，可是他获得的却是诺贝尔和平奖，而非经济奖，因为他不只会算经济账，还关注经济以外的东西。"尤努斯的伟大在于他关注的不是钱财，而是广大的贫困人民，他通过积极的努力改善贫困人民的生活环境，根除这个世界的贫困现象，这一过程成就了他的伟大。

宗师之诞生，乃心之所向

中国现代著名作家茅盾在中国文学史上堪称“第一人”，这不是因为他是新中国第一任文化部长，也不是因为他的多部作品备受好评，而是因为他设立的茅盾文学奖至今仍影响着很多人。

1981 年 3 月 14 日，茅盾自知将一病不起，于是将自己 25 万元稿费捐出，设立了茅盾文学奖，以鼓励当代优秀长篇小说的创作，这是中国第一个以个人名字命名的文学奖，是中国具有最高荣誉、最重要的文学奖项之一。自 2011 年起，由于李嘉诚先生的赞助，茅盾文学奖奖金从 5 万元提升到 50 万元，成为中国奖金最高的文学奖项，它对中国的文学创作事业有着积极的推动作用，成就了更多人的文学梦。路遥的《平凡的世界》、徐贵祥的《历史的天空》、贾平凹的《秦腔》曾经影响了一代代人、感动了一代代人，这些都是茅盾文学奖的获奖作品。

茅盾先生以利众之心推出茅盾文学奖，致力于成就更多人的文学梦，促进了中国文学的发展，这种利众之心使他成为影响深远的文学宗师。

在电视剧《李小龙传奇》中，李小龙说：美国人很自大，从来就看不起东方人，尤其是中国人，在他们印象里，中国人愚昧，中国人脑子有毛病，我们永远是梳着辫子的黄种人。美国境内的铁路大都是华人铺的，华人干的都是最累的活，但是拿最低的薪水，死了多少人！招工，公然写着不要华人，房主在墙上贴着，华人与妓女免谈，他们对华人的看法和印象连妓女都不如，中国人不是人。如果我能赢得这场比赛，我就站在台上大声叫喊：“我是中国人。”

于是，在美国空手道大赛的决赛上，李小龙对阵上届空手道冠军，两人身高体能都相差很大，外界一致认为李小龙没有胜算，屡受重创后，李小龙爆发出强大的战斗力，一举战胜了对手。在观众雷鸣的掌声中，李小龙大声喊出了“我是中国人”，这是他一直以来的渴望，是他的梦想，是他的使命。

凭借着为国争光，为民族正名的使命，李小龙一路战无不胜，成为了一代武术宗师。

宗师之诞生，乃心之所向。利众之心能让人爆发出更大的能量，能让人成功攀登业界的高峰，成为一代宗师。相对应的，一个心胸狭隘的人，可以有一时的成就，却很难长久，他可能有方寸的成就，却难以达到极致。

● 利众之心是真正的尚方宝剑

我心是一切，一切是我心。心在哪里，财富、成就和幸福就在哪里，未来就在哪里。

浙江桐乡香海禅寺住持贤宗法师有这样一个观点：利他之心，行之久远，它无往不利，无所不能，是一把真正的尚方宝剑，锋利无比，逢山开路，遇水搭桥。手持这把宝剑，可以点石成金，化腐朽为神奇，你怀着利众的心去定位自己，所有的矛盾和问题都会不断地得到解决。一切的关键在于心在哪。

巨海集团有一群人让我们非常感动，他们叫“巨海成长突击队”，他们每天早上提前一个小时上班，每天早上七点就已经来到公司，开始练习演讲，他们自动自发学习成长，持续不断自我超越。

巨海成长突击队的信念是：每天七点到公司，轻轻松松涨工资。巨海成长突击队的口号是：我今天的收获，是我昨天付出的结果；要想增加明天的收获，就要增加今天的付出。有了这样一个主动学习、自动自发的团队，很多难以克服的困难，很容易就找到了解决方法，很多无法获取的资源，自然而然地就到了手边。

他们的心在巨海，也就有了无限的动力。心在普度众生上，就能获得更多的能量。

对于捐建 101 所巨海希望小学，我有着非常完善的计划：巨海将以每年至少捐建 1 所的进度，完成建设 101 所巨海希望小学的宏愿，并感召 9999 位企业家参与这份大爱的事业，加入到慈善的行业中。

2011 年 11 月 22 日，我和巨海集团副总裁闫敏老师来到西昌市开元乡，确定捐建“西昌市巨海成杰希望小学”并签署相关合约。学校位于西昌市开元乡甘洛村二组，在我们上海巨海企业管理顾问有限公司的爱心支持下兴建而成，校园占地面积约 3300 平方米，建筑面积 1671.9 平方米，2011 年 12 月破土动工，历时 21 个月，于 2013 年 9 月竣工投入使用。2013 年 11 月 13 日西昌市巨海成杰希望小学举行剪彩落成仪式，我携 38 位巨海企业家学员和巨海同人前往参加并再次捐赠学习物资、体育用品，一对一资助贫困学生。

2013 年 10 月经康定县教育局推荐，我们一行来到康定新都桥小学考察，最终三方达成合作意向。2014 年 3 月 31 日，我及巨海企业家代表莫正豪、孙仕等一行从成都出发，经历了 8 个小时的车程，于傍晚时分到达康定县城。4 月 1 日早上 9 点半，我们一行人开车从康定县城出发，白雪皑皑，雪大路滑，经过一路的跋涉和艰辛，历时 3 小时到达康定县新都桥巨海希望小学。下午两点，康定新都桥巨海希望小学的捐赠仪式准时在学校操场举行。

2014 年 9 月 18 日，在西昌市磨盘乡成功捐建西昌巨海希望小学。2015 年 5 月 8 日，我带领 30 多位企业家来到康定，成功捐建康定巨海赖新宇希望小学和康定巨海周潇潞希望小学，并一对一资助了 65 位贫困学生。如今，我已经捐建 7 所希望小学。伴随捐建的一座座希望小学拔地而起，我正朝着捐建 101 所希望小学的梦想一步步迈进。

心到了，事自然就成了。世间的事说起来很复杂，但真正做起来往往并不像想象中的那么困难。

【觉醒】能量的最高境界是“合”

利众者伟业必成，一致性内外兼修。我把一致性内外兼修分为五个层级：

一是言行一致。说到做到，说话和做事保持一致。

二是知行合一。这是明朝王阳明提出来的，意思是我知道了就要去做，不一定要等说出来才去做。

三是思行合一。指的是想到做到，思想跟行动、行为保持一致。

四是心神合一。这是最高境界，指的是一个人的内心和他的意志力、意念、精神世界是一致的。心就是一切，一切由心决定。

五是天人合一。人活着的最高境界就是与天地万物融为一体。

从言行一致、知行合一、思行合一、心神合一，到天人合一。一个人越往高处走，他的一致性就越合一。

天地与我一体，万物与我同根。道家讲人的最高境界叫天人合一，就是人与宇宙万物合二为一。我觉得，人应该有三合，与人合、与天地万物合、与己合。很多人不成功,是因为他跟自己过不去。比如说今天我们出门遇到下雨，堵车了，很多人就不爽，不是下雨让他不爽，是他不接受下雨的事实让他不爽，是因为他不跟这个现实合。

再比如，一个人动不动就被别人伤害，为什么被别人伤害，是因为他不接受被别人伤害的事实，是因为他的内心不够强大，强大的人怎么会被别人伤害呢？你足够强大，任何人都拿你无可奈何。所以人真正的最高境界还是要与己合，就是要与自己的言行合、与自己的知行合、与自己的思行合、与自己的心神合。做到了这四个层面，宇宙万物都跟你融为一体。

当我们把生命的焦点放到利众的时候，不妨进一步想想，我们是否做到了言行一致、知行合一、思行合一、心神合一呢？

触动行动

做一件有价值、有意义的利众之事，请列出行动计划

第3大法门

生命的伟大在于心中有梦

在这个世界上，唯一可以不劳而获的是贫穷，唯一可以无中生有的是梦想。

有梦人生，生命如虹，七彩斑斓，生机盎然，丰富多彩。为梦奋斗，生命激情澎湃，美好幸福。

梦如种子，于春泥中生根，向往参天大树。梦如蓓蕾，渴望雨过天晴，群芳竞妍；梦如果实，期盼甜美圆润；梦如松柏，憧憬积雪融化，枝丫尽现。

梦如险峻高山，唯坚持不懈，方可攀登顶峰；梦如湛蓝大海，唯乘风破浪，方可抵达彼岸。

有梦，便可乘风破浪，光彩璀璨，人生便不再孤单；梦给生命以方向、力量与希望，梦给人生幸福和美好。

追逐梦想，应有坚忍不拔之心，如夸父逐日、精卫填海、愚公移山；亦应有艰苦奋斗精神，如勾践卧薪尝胆，立志雪耻图强；红军长征二万五千里，志在建立新中国。

志不立，无以成事！

一心所向，无所不能，一心所指，无所不达。追逐梦想，心无二用，动机至善，私心全无；然后，披荆斩棘，不懈努力，方可实现。

坚持梦想，便不惧惊涛骇浪、艰难险阻；坚持梦想，越过荆棘，便是黎明曙光；坚持梦想，雨过天晴，便得朗朗蓝天！

梦想不拒清贫、不拒低微、不拒困顿，人人皆可有梦。有梦的人生是起航，无梦的人生是流浪。

梦想为现实之因，现实为梦想之果，有梦想者有世界！实现自我成就，需不畏困苦，不气馁，迎难而上。

“无志者，无以生智慧；大志者，大智慧也”。“志”即梦想，古今成千秋伟业者，皆因胸怀壮志，心容天下；因有大梦想，有大格局，有大追求，故能有大成就。

有梦想，人生虽苦犹甜，有梦想，人生犹如光明大道，不致迷失，为梦想奋斗，甘之若饴。

人生有梦，生命便有意义，为梦想而生，生命便有价值，梦想为人生精神支柱，拥有激情，倍增动力，引爆能量，为梦想而奋斗，生命便伟大！

【缘起】人因为梦想而伟大

人因梦想而伟大。

我是一个心怀梦想的人。

前面说过，上小学时，我每天都要经过一条宽大的河，到乡里的学校去读书。河上没有桥，遇到雨水季节，河水水位上涨，水流湍急，涉水过河非常危险。我记不清自己有多少次被湍急的河水冲到十几米外，又从水中挣扎着爬起来，回到岸上。

我的父亲常年患有慢性支气管炎，可有时候为了我能够准时上学，经常一路咳嗽着背着我蹚过冰冷的河水……从那时起，只有8岁的我便有了人生中的第一个伟大梦想：长大了要努力赚钱，为村里建一所学校，让孩子们不用冒着生命危险过河求学。

我上学的时候特别喜欢看书、报纸、杂志、小人书，都看个遍。上初中时，因为离家远，住在学校十几平方米的小房间里，每天晚上都会有一束昏黄的灯光透过窗户打破漆黑的夜幕，灯下的我完全沉浸在书的海洋中……

每当沉醉在阅读中时，我就十分开心，我渐渐地对文学产生了无比的喜爱，后来在一家省级刊物上发表了自己的处女作——《成功》。想要成功，想要改变自己命运的种子已经在我的心中生根发芽，书中对外面世界美好的描述也如春雨般滋润着我心灵深处的渴求，让我窥探到了一个做梦也想不到的宽广世界，于是，我又有了第二个伟大梦想：当一名畅销书作家。

2003 年 7 月 17 日晚，因为偶然的机会，我聆听了两个小时的演讲。当现场爆发出雷鸣般的掌声时，我呆住了，因为老师精彩的演讲深深地震撼着我的心灵，我完全听傻了：这不正是我要追求的人生吗？在心中无数次地反问自己后，我有了人生中第三个伟大梦想：进入教育培训业，做一个有影响力的超级演说家。

2008 年，26 岁的我在演说界已小有名气，我受邀与中国四大演讲家之一彭清一教授同台演讲“跨越天山的爱——川疆连心慈善义讲”，为四川汶川灾后重建捐建天山爱心学校募集善款。这次充满大爱的慈善演讲，打开了我内心深处那扇慈善之门，让我明白了生命的意义在于帮助，于是，我有了人生中第四个伟大的梦想：做一个慈善家，用我毕生的时间与精力捐建 101 所希望小学！

2008 年 10 月，我创办了上海巨海企业管理顾问有限公司，我有了人生中第五个伟大的梦想：帮助企业成长，成就同人梦想，为中国成为世界第一经济强国而努力奋斗！

从四川大凉山的农村男孩，到出版多本畅销书作家；

从贫寒困顿的流水线工人，到拥有 60 多家分公司的巨海集团董事长；

从自卑内向的餐厅服务员，到讲台上挥斥方遒的超级演说家；

从在街头摆地摊的穷小子，到2013年十大杰出青年川商；

从63天找不到工作的流浪青年，到今天已捐建了多所希望小学的慈善家、演说家、企业家、畅销书作家。

2015年12月20日，在由巨海集团举办，我主讲的第216期“一语定乾坤研讨会”暨巨海集团七周年庆典上，在上千位企业家的见证下，在众人情不自禁地喜悦与欢呼声中，上海巨海成杰公益基金会正式成立！

上海巨海成杰公益基金会是由我发起，联合上海装饰行业协会副会长、统帅装饰集团董事长杨海，新疆餐饮协会会长、新疆北山七号会所董事长李春文，巨海集团副总裁闫敏、秦以金等行业领袖担任理事会成员；由巨海集团总裁助理文熙担任基金会理事长，著名导演、真功夫巨星、四川天星影视艺术学院院长陈天星出任基金会形象大使；由上海市社管局、上海市民政局审批授牌成立，“以助困、助学，促进社会和谐发展”为宗旨的公益性组织。

本次成立仪式得到了上海市民政局和上海市社管局的大力支持和指导，上海市民政局基金会管理处马国平处长亲自出席成立仪式宣读批文，并对上海巨海成杰公益基金会的健康化、科学化发展做出殷切的期盼和美好的祝福。上海巨海成杰公益基金会秘书长闫敏女士为与会嘉宾介绍了基金会的相关情况及发展说明。

我人生的每一次成长都离不开梦想开路。

人类因为梦想而伟大。世界上没有什么距离，是心达不到的；心有多大，舞台就有多大。因为有梦想，人类像小鸟一样飞上了蓝天；因为有梦想，黑夜变得如白昼一样光明；因为有梦想，世界变成了一个地球村……

我从不去想是否能够成功，既然选择了远方，便只顾风雨兼程；我从不去想未来是平坦还是泥泞，只要心中有梦，一切都在意料之中。因为我坚信："没有比脚更长的路，没有比人更高的山。"

【悟道】世界上唯一无中生有的就是梦想

马云的一句"梦想还是要有的，万一实现了呢"，被人们视为经典。梦想为我们的人生指明了方向，每个人都应该有一个属于自己的梦想。对一个人、一个民族来说，如果没有梦想，世界将变得死气沉沉，而有梦想的世界代表着生机与活力。

梦想是有力量的，当你身处逆境，它能帮助你扬起前进的船帆；梦想是有魅力的，当你遭遇险阻，它能召唤你鼓起生活的勇气；梦想更是伟大的，当你跌入谷底，它能促使你保持崇高的心灵。

生命的伟大在于心中有梦，当有梦的时候，你的人生就会变得更有力量。

●无志者，无以生智慧

志不立，天下无可成之事！

一个人没有志向，那么，天下的事没有一件他能做成的，他的人生是不可能有成就的。

无志者无以生智慧，一个人不是有智慧才有志向，而是有志向才有智慧，一个人一定是有志向，有理想，有抱负，有追求，然后他的智慧才会生发。

新东方创始人俞敏洪有同样的看法，他说："一块砖没有什么用，一堆砖也没有什么用，如果你心中没有一个造房子的梦想，拥有天下所有的砖头也是一堆废物。"这来自于小时候父亲对他的启示。

俞敏洪的父亲是个泥瓦匠，经常帮别人盖房子。每次盖完房子，父亲总会把别人废弃不要的碎砖瓦捡回家。在路上走时，看到路边的砖瓦石块也会带回家。一两块砖，三五片瓦，渐渐地，家里院子多了一堆乱七八糟的砖头瓦片。年少的俞敏洪不清楚这堆砖瓦的用处，直到有一天，父亲用这堆砖瓦居然在院子的一角砌出了一间方方正正的猪圈。

长大后，俞敏洪无论决定做什么事情，总会先问自己两个问题：

第一个问题是做这件事情的目标是什么，因为盲目做事情就像捡了一堆砖头而不知道干什么一样，会浪费自己的生命。

第二个问题是需要多少努力才能够把这件事情做成，也就是需要捡多少砖头才能把房子造好。之后就要有足够的耐心，因为砖头不是一天就能捡够的。

创办新东方初期，俞敏洪就暗暗立志要建成中国最好的英语培训机构，但创业前期的辛苦也不是普通人所能承受的。整个培训部只有两个人——俞敏洪和他妻子。每天上午，俞敏洪都会在零下十几度的寒风中骑着自行车，拎着糨糊桶，四处寻找电线杆子，在上面贴广告；下午，夫妇俩就在培训部里虔诚地守候着，盼望来报名的学生。

新东方人都知道俞敏洪有电线杆情结，因为新东方是靠他在电线杆上一张一张贴广告贴出来的。新东方最流行的段子就有这样的："老俞最喜欢什么？电线杆！"而新东方的三驾马车之一，创业元老徐小平则这样评价："俞敏洪左右开弓的糨糊刷，在中国留学生运动史上刷下最激动人心的一页华章。"

俞敏洪这样感慨："金字塔如果拆开了，只不过是一堆散乱的石头；日子如果过得没有目标，就只是几段散乱的岁月，但如果把一种努力凝聚到每一日，去实现一个梦想，散乱的日子就积成了生命的永恒。"

有志者自有千方百计，无志者只感千难万险。一个有志向有梦想的人，做任何事情自有千方百计，可以无中生有；

一个没有志向、没有目标、没有追求的人，做什么事情都只会感觉困难重重，艰难险阻。

人们常说实现梦想，我说梦想不是用来实现，是来照亮我们前进道路的，是我们前进的灯塔，它让我们更有力量。

● 有梦的人生是起航，无梦的人生是流浪

贺兴兴，出生在山西运城的一个小山村，高考失利后，抱着去外面的世界看看的心理，她走出了生她养她的地方。经历了两次工厂打工的失意，带着追逐成功的梦想，来到了上海。

在一次招聘会上，贺兴兴与巨海公司结缘。当听到我关于梦想的演说后，她心中的火苗燃起来了，她说："以前我是一个没有梦想的人，我觉得再有权有势都和我没有关系。可是，这一次我不这么认为了，我思考着，自己没学历，没文化，只要勇于追逐，也许就会有实现梦想的一天。"

最终在 400 多人的复试者中有 30 位脱颖而出，贺兴兴便是其中之一。进入巨海后，贺兴兴自知几年的工厂生活使她已经和这个社会脱节，就更加投入地努力学习，从电话邀约，和客户沟通交流到谈判，她在摸索中学习，在学习中成长，在不断地成长中成熟起来。

2009 年年初，看着比自己晚进公司的一个同事被提拔做营销主管，贺兴兴心里很不是滋味。此时，她的部门主

管告诉她："贺兴兴你是不需要晋升主管，直接可以从基层营销人员升总监的一个人"，言语中有一些调侃，但贺兴兴却信以为真了。晋升总监的业绩标准成了她 2009 年的终极目标。

整个 2009 年，每一次公司通知外出开发客户，她都去，风雨无阻。之后是日夜不辍地打电话邀约，拜访客户，跟进服务，几个月下来，她的业绩有了可喜的增长，快到年底时，她距离晋升总监的业绩仅仅相差 1000 多元钱。

当时有一个客户订了一个大单，前期部分款项已经付了，但课程还没开，所以后续款项没有支付，如果能把这笔钱在当月收回来，她就能够超过竞争对手达成业绩目标。于是，她决定去拜访这位客户，去了四次，前三次都没有见到客户，在第四次时，终于碰到他，不过正在开会。

贺兴兴就一直在那里等到下午 6 点半会议结束。见到客户，寒暄几句，她说："今天对您来说或许不算什么，但对我来说却是人生的一个转折，我渴望得到晋升，改变命运，现在只差一点点业绩了。"客户听完她的一番肺腑之言，只说了一句话："明天我让人把钱汇过去。"

马云说："今天很残酷，明天更残酷，后天很美好，但是绝大部分的人都死在明天晚上，看不到后天的太阳。所以，你必须每天努力，才能看到后天的太阳。"贺兴兴就是那种坚持到底的人！担任总监之后，她带领自己的团队在 2010 年的时候连续三个月取得公司销售团体冠军，她的薪资也从刚进公司时的每月 900 元增长到今天的百万年薪，在上海有房有车，硕果累累的背后是义无反顾的付出。

到现在，贺兴兴在巨海奋斗了 8 年了，这 8 年她演绎了一场华丽的蜕变，从工厂女工到现在巨海集团上海分公司掌门人，从“丑小鸭”变成“白天鹅”，没有传奇，没有跌宕起伏，她用执着和努力书写了一段精彩的人生。

人这一生，心在哪里财富和成就就会在哪里，荣耀也就会在哪里。一心所向，无所不能；一心所向，无所不达。小心你的梦想，它会成就你的人生！

领袖都是造梦的高手

亚洲首富孙正义在 23 岁的时候，得了肝病，整整住了两年医院。在这两年当中，他阅读了 4000 本书，平均一天阅读 5 本书。

孙正义在读完了 4000 本书籍之后，根据自己的读书心得写了从事 40 种行业的发展计划。他终于明白了自己多年百思不得其解的困惑——要成为全球首富，就必须从事最新兴、最具发展潜力的行业。一出院，他就以坚定的信念决定进军计算机行业，并从这 4000 本书中总结出了一套与众不同的创业方案。于是，孙正义创立了他的公司，这时他的员工只有两个。

公司开业那天，孙正义站在水果箱上面，跟他的两个员工说："各位，我叫孙正义，在 25 年之后，我将成为全球首富，我的公司营业额将超过 100 兆日元！"后来，孙正义验证了他在水果箱上的誓言，成为亚洲首富，并一步步向全球首富比尔·盖茨发起挑战。

我非常喜欢孙正义的一句话："人们最初拥有的只是梦想，以及毫无根据的自信，但是所有的一切都从这里开始！"

1999 年年初，马云和最初的创业团队开始谋划一场轰轰烈烈的创业。马云当时对所有人说："我们要办的是一家电子商务公司，我们的目标有三个：第一，我们要建立一家生存 102 年的公司；第二，我们要建立一家为中国中小企业服务的电子商务公司；第三，我们要建成世界上最大的电子商务公司，要进入全球网站排名前十位。"

当时的马云，要钱没钱，要资源没资源，连工作的地儿都安在了家里，可他却给了所有人一个清晰的"未来"。有了这个"未来"，大家心里有底儿了，至少他很详细地构想过大家伙要干的事儿了；有了这个"未来"，马云及其团队度过了难熬的创业期；有了这个"未来"，阿里巴巴度过了好几次生死存亡的危机。之后的故事大家都已经很熟悉了，创办淘宝网，创办支付宝，收购雅虎中国，创办阿里软件，一直到走向上市。马云在一步步地把"未来"变为现实。

卡耐基说："企图心是将愿望转化为坚定信念与明确目标的熔炉，它将集中你所有的力量和资源，带领你到达成功的彼岸。"梦想有多大，舞台就有多大，很多时候，一个人的梦想大小决定着他的未来成就。梦想是一种意念、一种意志、一种挑战未来的武器，它可以强化信心，可以让一个人对自我未来的目标产生坚定感，可以激发人们内心的无限潜能。

如果说一个企业是一列火车的话，那么领袖就是火车头，火车能够开向哪里，很大程度上取决于火车头。具有远大梦想的领导最受下属欢迎，是因为这代表着自己未来的发展前途不可限量，它能产生无穷的感召力和凝聚力，带领团队共同朝着美好的方向迈进。

一个老板创业，一穷二白，一无所有，能力可能也一般般，可是这样一个老板在创业的时候，会有人愿意追随他一起吃苦，根本原因就在于这个老板有追求、有想法、有干出一番事业的梦想。

我看到无数的民营企业老板有一种悲哀，就是经过了5年、8年、10年的努力和奋斗，从一无所有到应有尽有，有豪宅，有豪车，身价千万亿万，这个时候，他变得安于现状，没有了大的追求。这时，他身边会出现两种人，第一种是没有追求的人，会继续跟他在一起混；第二种是有追求的人，他们的选择大多是离开，去找一个更大的平台发展。

很多老板不明白，为什么我的工资待遇比创业时好很多，办公条件也比当初好很多，我的产品比以前丰富，品牌影响力比以前大，可是为什么有能力的人想干事的人才越来越少？原因在于有追求的人会追随有大追求的人，会远离没有追求的人。

老板白手起家、无中生有，靠的是有追求，因为你的追求吸引了人才。有追求是一个领导人无形的巨大魅力，当一个领导人有追求的时候，他就会有一种无形的能量，会有一种无形的威力。当你没有追求的时候，你的魅力就会立刻烟消云散，这就是导致很多人在度过创业期后辞职的根本原因。

另外，很多老板抱怨员工很懒惰，上班迟到，下班倒积极，工作懒散，任务担不起。这些老板并没意识到一个事实：每天早上叫醒我们的不是闹钟，而是心中的梦想。所以，没有懒惰的员工，只是您的梦想不够吸引他。只要有梦想，行动上就会充满无限的可能。有梦想、有追求的人，不用激励，不用约束，他就会自动自发，并能发挥出最大的潜能。

领导什么都可以比员工差，但有两样不可以比员工差，那就是梦想和胸怀。我们的相貌可以比员工丑，学历可以比员工低，身高可以比员工矮，但是我们的梦想和胸怀绝对不能比员工小。否则，我们就全盘皆输了。

【践行】梦想燃烧激情，因梦想持续前行

梦想是一个人的翅膀，它让生命有了飞翔的动力和方向！我们每一个人，都曾经有过伟大的梦想。有的人随着

年龄渐渐增大，梦想就慢慢缩小，直至消失殆尽；还有一些人，虽然梦想常在心中燃烧，却从不敢放开腿脚去追梦，等到生命结束的那一天，梦想却永远成了梦想，高高地挂在空中楼阁上，留下长长的叹息。

只有一小部分人，大胆地朝着梦想的方向前进，一步步地把梦想变成现实，无论遇到什么挫折、挑战，他们都一如既往，永不放弃！这一小部分人，必将成为80/20定律中20%的人，推动社会发展和进步的成功者。

坐而论道，起而践行。没有哪件事，不动手就可以实现。世界虽然残酷，但只要你愿意走，总会有路；看不到美好，是因为你没有坚持走下去。人生贵在行动，迟疑不决时，不妨先迈出小小一步。前进不必遗憾，若是美好，叫作精彩，若是糟糕，叫作经历！

“我是严华，严格的严，中华的华，严于律己，爱我中华，巨海成都分公司最大的服务员！一生致力于教育培训事业，梦想让更多人绽放生命之花的严华。”大家已经熟悉了严华这段自我介绍，但就是这样一段话，对曾经性格内向不擅表达如今已经是巨海集团成都分公司总经理的严华来说，敢于面对成百上千人的讲台这么响亮地喊出自己的名字，这在十多年前是她想都不敢想的。

十多年前，她是个沉默寡言，害羞内向到连走路都不敢抬头的小女孩；如今，面对大讲堂里上千名听众，她能自信地站在讲台上，口若悬河，滔滔不绝地讲解企业管理的策略。她不可思议的改变源自于她选择了培训行业，并深深扎根其中，在这个大舞台上，严华不仅摆脱了自身自卑、内向的性格，还用自己的行动影响、帮助、改变更多的生命，绽放出自己的魅力！

美丽的花季，百花齐放，群芳斗艳的情景是大自然赋予人类的一道亮丽的风景线。人生也如花朵，在美丽的季节定要绽放一次，为了这次的绽放，也定要经受风雨的考验，古诗曰："不经一番寒彻骨，哪得梅花扑鼻香。"学生时代的严华就如一朵羞答答的玫瑰，经过沉默的洗礼最终选择绽放！

人生的路上，随时都会面临许多的选择，严华是幸运的，因为在她的内心清楚地知道自己要的是什么。当别人面对公司苛刻的待遇转身离去时，她选择放弃保险工作丰厚的待遇加入培训公司；当别人对培训行业不屑一顾时，她选择了坚持。如果这是一场赌注，她赌赢了！从最基层的销售员到公司销售管理团队的一把手，她不仅业务做到最好，而且还为其他公司做起了培训。"当梦想越来越近的时候，我想我会给自己更高的要求。"严华感概地说。她想成为一名讲师，一名在舞台上可以脱口演讲，用自己的智慧去帮助别人的讲师，这样的人生才更有意义。

也许一切都是缘分，在朋友的介绍下，严华了解到了巨海，几天后，我亲自飞往成都与她面谈。我的格局、梦想、诚意感动了她，她决定留在成都开拓巨海成都分公司。

每当企业家和新员工问起她："巨海集团最吸引你的是什么？""企业文化。"她会毫不犹豫地说，并向他们阐释自己眼里的巨海。

"军队""学校""家庭"三个词足以概括严华眼里的巨海。首先，巨海有严格的纪律观。巨海人都被称为战士，他们统一着装，准时上班，高效完成任务。其次，巨海是一所学校。巨海家人可以免费和企业家一同参与课程培训。除此之外，公司定期会给巨海家人做培训，也会安排他们外出学习，帮助他们成长。当然，最重要的还是巨海家庭般的工作氛围。新加入的员工，即使没有完成工作任务，也不会遭到指责，更多的是帮助和鼓励。同事、领导会带领你一起找问题，再慢慢地突破，直到真正适应。整个团队团结起来一起拼搏，永远都是充满激情的生活。

巨海集团成都分公司一年时间，已经将团队从严华 1 个人发展成为 60 多人的精英团队。如今，队伍仍在不断壮大，更多的市场有待挖掘，然而，回忆创业初期经历的波折，严华刻骨铭心。

2011 年元旦过后，她着手准备成都巨海的开业，招募团队、租办公地、采购设备……在筹备启动资金的时候，最大的投资方突然撤离，公司启动资金一下子从几百万跌至几十万，在这样的局面下，她没有自乱阵脚，而是坚强地化解问题。在选人方面她非常的用心，亲自选拔，遵循"能者上，平者下"的原则，对于优秀人才破格录用。像成都巨海公司的销售总监严海、行政总监黄娴，都是严华从 30 多个人中挑选出来的，而这两位战将也不负众望，从公司成立到现在一直伴随严华渡过每一个难关。在公司装修期间，为了保证装修质量，严海每天晚上都睡在办公室，春节都没有回家。2012 年 2 月 23 日，农历二月初二，巨海成都分公司，与苏州分公司、宁夏分公司同一天开业，一年的时间里，巨海集团成都分公司年利润在三家同时开业的分公司中排名第一，严华非常欣慰，这也许是给她付出的最好回报。

一年的时间里，分公司年销售、年利润在同时开业的三家分公司中排名第一！ 2013 年成都公司经历了质变。这一年严华带领团队开拓了遂宁、重庆等外地市场，成都本地创造了分公司总业绩翻番的好成绩！ “学习是智慧的升华，分享是生命的伟大。”严华时常用这句话勉励自己，也用这句话分享给每一位公司的员工。2014 年，巨海集团成都分公司再次迎来飞跃期，合伙人计划的推出震撼行业、震撼市场。

现如今，巨海集团成都分公司已成立五年时间，五年来，她带领团队一起为西南的企业家们提供了一份真诚的服务！在巨海成都分公司的三周年庆典上，当严华看到公司的精英团队从当初的 1 个人发展到 60 余人，她深深地感恩创业期给过她帮助的那些人！深深感谢困难时期不离不弃一起渡过难关的员工们！深深感激我对她不断地鼓动、鼓励和鼓舞。

“学习是智慧的升华，分享是生命的伟大。”我的话一直勉励着严华前进。“我们和客户一同进步。”每个月，严华都要出去学习一次，在她的书桌上，你常常会看到堆起的书本，书的种类也很多，除了培训专业书外，还有营销学、心理学、经济学等书本。在金蛇纳福的2013年，严华说：“新的一年，我会一直走在学习的路上。”

五年的时光，严华坚持贯彻巨海“帮助企业成长，成就同人梦想，为中国成为第一经济强国而努力奋斗”的伟大使命，以“利众者伟业必成，一致性内外兼修”的经营哲学，立志“打造巨海集团大西南地区的繁荣和昌盛”。

五年来，从巨海集团成都分公司的成立，到如今成为整个西南培训界的榜样和标杆。回顾过往，严华曾获“巨海集团功勋人物”、“卓越领导人”称号等种种荣誉。严华无悔于选择了教育培训这个行业，她不仅从当年那个沉默不敢讲话的女孩一步步突破自己，还有更高远的目标，那就是成为一个卓越的演说家，能够帮助到众多的人一起成长。严华，用她的行动改变了自己，用她的智慧帮助了别人，用她的执着成就了梦想，用她的信念成就了辉煌！改变自己，才能改变世界！相信在今后的道路上，她会走得更加精彩！

●渴望是拥有的开始

多年前，在美国的代顿地区，有一位穷苦的牧羊人带着两个年幼的儿子以替别人放羊为生。一天，三人赶着羊来到一个山坡，突然，一群大雁鸣叫着从他们的头顶飞过。牧羊人的小儿子问父亲："大雁要往哪里飞？"父亲回答："冬天来了，它们要去一个温暖的地方，在那里安家。"

他的大儿子看着大雁远去的方向羡慕地说："爸爸，要是我们也能像大雁一样飞翔那该多好，我们就可以飞到天上，看看妈妈是否在那里！"小儿子也对父亲说："爸爸，爸爸！如果我们能够像大雁一样，就可以自由地飞翔呀，想去哪里，就可以飞到哪里，再也不用给别人放羊了"

牧羊人看着他们说："只要你们想飞，你们一定能够飞起来。"

两个孩子诧异地望着父亲说："真的吗？"

"真的，"父亲说："不信，你们站起来试一下？"

于是，兄弟两人在父亲的鼓动下，站起来，舞动了一下双臂，却并没有飞起来。兄弟两人用怀疑的目光望着父亲说："爸爸，你不是在骗人吧！"父亲用坚定的眼神看着两个孩子，说："不信，爸爸飞给你们看？"

父亲站起身，舞动了一下双臂，结果没有飞起来。兄弟两人用更加怀疑的眼神看着父亲说："爸爸，你就是在撒谎。"父亲依然用坚定的眼神看着自己的孩子说："孩子，爸爸是年纪大了，不能飞了。你们还小，只要你们想飞，就一定可以飞起来……”

兄弟俩牢牢记住了父亲的话，一直不断地努力，等他们长大以后果然飞起来了，因为他们发明了飞机，他们就是美国的莱特兄弟。

因为有渴望，莱特兄弟征服了天空，可以像鸟儿一样在天空飞翔。渴望是拥有的开始，是前进的原动力，怀着渴望去努力，理想就有可能照进现实，你的生命才会更有意义。

我的恩师彭清一教授，是一位虽然身患残疾却在演讲界活跃30余年的伟大演说家。他累计演讲4800多场，直接听众竟达300余万人。他的演讲如波澜壮阔的史诗，排山倒海，气势恢宏，但绝不是豪言壮语的堆砌，空洞无物的说教。他用真诚、激情、幽默、沉吟、呐喊来赢得在场每一位听众的心。他的激情来自于哪？——渴望。

彭清一教授有一个梦想：尽自己一生之力去影响、改变更多的人。他是一个孤儿，几经磨难终于成为新中国第一代舞蹈家。他曾先后赴30多个国家和地区进行访问，并受到莫洛托夫、米高扬、布尔加宁、铁托、胡志明、布托、尼克松、福特等著名领导人的亲切接见。然而命途多舛，55岁时为青年演员做的一个示范动作，让他的腿遭受了严重的伤害。正是这个命运的玩笑，让他与舞蹈从此无缘。谁也不曾想到，倔强的彭老竟用两个假膝盖登上了演讲台，而且一站就是30年。梦想的召唤，让他坎坷的一生已不再是苦难的回忆，而是他激情的源泉。

人性本懒，每个人都有懒惰的一面。人最大的敌人就是懒惰，我的身边就有很多这样的老板，当事业做到一定程度的时候，他们失去了创业的激情、动力和自我要求，他们没有危机感和紧迫性，觉得不需要很努力了，所以上班不再准时，工作懒懒散散。这样的情况只会有一种结果，那就是员工看到老板的懒散状态，也会丧失动力，丧失激情，这也是为什么很多民营企业难以做大做强做久的原因。

有人说，我的梦想实现了，就不用再去奋斗了。学海无涯，学习是无限的，但是生命是有限的。生命是有限的，梦想是无限的。一个梦想实现了，我们还有下一个梦想，人生的梦想是永远都实现不完的，渴望是永无止境的。

柳传志 40 岁创业，70 多岁了，还在继续努力和奋斗，我们有什么理由不奋斗？稻盛和夫 78 岁临危授命，掌管日航，让它起死回生，80 多岁还在努力，我们怎能 30 多岁、40 多岁就开始享受生活？

当你有渴望的时候，你的生命是燃烧的，身体是热乎乎的，浑身都有用不完的劲。很多时候半夜想到梦想，我都会从床上跳起来。

不管你是 18 岁，还是 80 岁，有梦的人生最美。“我成杰要用毕生的时间和精力来捐建 101 所巨海希望小学，为慈善捐款 101 亿人民币。”梦想让我每一天都充满了激情。

巨海创业到今天，我没有周末、没有节假日，越是周末越要演讲。最多一天开车 1200 公里，经过三个省；最不可思议的一天转四趟飞机，飞四座城市；最多的一个月连续出差 25 天，飞往十几个城市去演讲。只要人在上海，我都是 8 点钟上班。作为巨海集团掌门人，我是如此努力、如此拼搏，所以巨海的同人们也非常努力，非常拼搏。

我每天早上起床都会告诉自己：我成杰听到、看到、感觉到，并且深深地知道，我生命的目的就是成为一个拥有巨大影响力的领袖，去影响、帮助和成就更多人的生命。当我疲倦的时候，连续讲 10 遍，马上浑身充满活力，拥有无限能量，因为有梦的人生最美。

● 一切为梦想付出的代价，都不能称之为代价

提到梦想，很多人会滔滔不绝地讲述，可真正实现梦想的人却少之又少，为什么呢？因为通往梦想的道路上充满荆棘，无数人在半路上放弃了梦想，他们碰到困难，就开始怀疑梦想的可实现性，最终因为困难而放弃了梦想。

1978 年，当李安准备报考美国伊利诺大学的戏剧电影系时，父亲十分反感，他给李安列了一个资料：在美国百老汇，每年只有两百个角色，但却有五万人要一起争夺这少得可怜的角色。当时李安一意孤行，毅然登上了去美国的班机。

几年后，李安从电影学院毕业，这才终于明白了父亲的

苦心。在美国电影界，一个没有任何背景的华人要想混出名堂来，谈何容易。从 1983 年起，李安经过了六年漫长而无望的等待，大多数时候都是帮剧组看看器材，做点剪辑助理、剧务之类的杂事。最痛苦的经历是，他曾经拿着一个剧本，两个星期跑了三十多家公司，一次次面对别人的白眼和拒绝。

现实的打磨让他慢慢失去了梦想。还是面对现实吧，抱着这样的心思，李安在小区大学报了一门计算机课。妻子发现后，一宿没和李安说话。第二天，李安送妻子去上班，在上车之前，她突然转过身来，一字一句地告诉李安："安，要记得你的梦想！"

那一刻，李安心里像突然刮起了一阵风，他拿出包里的课程表，慢慢地撕成碎片，丢进了门口的垃圾桶。他忍耐着贫困，更加专注自己热爱的电影。后来，李安的剧本得到基金会的赞助，才开始自己拿起了摄像机，再到后来《卧虎藏龙》等电影诞生，李安开始在国际上获奖。

李安的忍耐、妻子的付出终于得到了回报。许多年后，谈起当年的决定，李安的妻子这样说："我们两个一直就相信，人只要有一项长处就足够了。学计算机的人那么多，又不差你李安一个，你要想拿到奥斯卡的小金人，就一定要保证心里有梦想。"

李安的故事告诉我们，追逐梦想的道路上，并非一帆风顺，当生活的艰辛，事业的低潮在一次次地打击我们的时候，我们一定要心怀梦想、不言放弃，坚持到底就是胜利。

美国有一句谚语：“当一个人知道自己想要什么时，整个世界将为之让路。”通往梦想的道路没有捷径，只能脚踏实地，随时准备好迎接困难和挑战。追梦的路途很遥远也很坎坷，没有谁会知道自己的梦想最终是否会实现，可我们都不应该轻易放弃。只要执着地追求，我们最终一定能到达梦想的彼岸。

“你只闻到我的香水，却没看到我的汗水；你有你的规则，我有我的选择；你否定我的现在，我决定我的未来；你嘲笑我一无所有不配去爱，我可怜你总是等待；你可以轻视我们的年轻，我们会证明这是谁的时代。梦想，是注定孤独的旅行，路上少不了质疑和嘲笑，但，那又怎样？哪怕遍体鳞伤，也要活得漂亮。”

我很喜欢聚美优品的这个广告词，追逐梦想的人都不会害怕，因为一切为梦想所付出的代价都不能称之为代价，为梦想付出的汗水和眼泪都是我们实现梦想的积淀。

其实，梦想就是一种盲目的崇拜，崇拜那个莫须有的自己，而正是这盲目的崇拜，我们才可以将那个莫须有的自己变为现实。梦想不抛弃苦心追求的人，只要我们不停止逐梦，有一天就会沐浴在梦想的光辉中。

● 人生不设限，才会精彩无限

古老的阿拉比国坐落在大漠深处，多年的风沙肆虐，使城堡变得满目疮痍，国王对四个王子说，他打算将国都迁往据说美丽而富饶的卡伦，国王决定让四个儿子分头前往探路。

大王子乘车走了 7 天，翻过三座大山，来到一望无际的草地边。一问当地人，得知过了草地，还要过沼泽、大河、雪山……便调转马头往回走。

二王子策马穿过了一片沼泽后，被一条宽阔的大河挡了回来。

三王子渡过了两条大河，却又被一片辽远的大漠吓退。

一个月后，三个王子陆陆续续回到了国王那里，将各自沿途所见报告给国王，都再三特别强调，去卡伦的路很远很远。

又过了 5 天，小王子风尘仆仆地回来了，兴奋地报告父亲——到卡伦只需 18 天的路程。国王满意地笑了："孩子，你说得很对，其实我早就去过卡伦。"几个王子不解地望着国王："那为什么还要派我们去探路？"国王郑重地说道："那是因为我只想告诉你们四个字——脚比路长。"

是的，脚比路长，远方无论多远，只要脚下不停，就一定能到达。在追逐梦想的道路上，只要心头时时燃烧着坚定的信念，一往无前地行进下去，就会惊讶地发现，很多所谓的远方，其实真的并不遥远。

成功不是注定就有的，它需要不断地尝试，持续地行动累积而成，这就需要我们在追逐梦想的道路上，不停地去体验，去尝试。体验让你的人生更丰盛，人生不设限，才会精彩无限。

我经常讲两个字叫排满，就是让自己有价值地忙起来。有一些人忙，是瞎忙，忙得没价值，忙不到点子上；有一些人不忙，每天无所事事。我讲的排满，跟这两种人都不同，是让自己有价值地忙起来。

这 8 年创业下来，公司小的时候，我一个人干很多人的活，比如说招聘、培训、打造团队，做销售、课程研发、课程推广、课程交付，市场运作、大客户服务、社会关系，我自己还要写书出书，我觉得我是超人。慢慢地，公司健全了，有些东西可以授权给别人做，可我的工作量一点都没有减少，在公司里，我出差最多，一口气能出差 25 天，这在中国培训界是很少见的。

我一个干培训的，能做好管理吗？我一个做销售的，能写好课件吗？我从来没有思考过这些问题，只是尽情地排满，不断地体验，这让我的能量越来越大，让我的梦想一个个实现。

一夜成城，是为神话；一年成城，是为必然；把一年之劳说成一夜之功，便是奇迹的产生。现实中成功人士创造的奇迹种种，大抵便属此例。因有了这“奇迹”的帮助，成功与成功人士便近乎玄乎地邈远了起来，飘飘然似欲远离现实人间。

其实，奇迹的真相是，他们一直在前行，一步步地挪动脚步，一点一滴地积累，而你忽视了这慢进中的过程，直到有一天突然发现站在你面前的他已经无法逾越，于是你习惯性地耸耸肩，为自己也为身旁的人开脱：这是奇迹。而这奇迹，你也可以创造，只要你有足够的耐心和毅力，只要你试着迈开第一步，不停歇……

在迈出脚步，实现梦想的过程中，我们要做到：不害怕失败，不受限成功。很多人不成功是因为害怕失败，他们故步自封、畏首畏尾、不敢尝试，所以永远没有机会成功。

歌德曾说："能从绝望中逃脱，一定要有坚强的意志。所以不要只是一味地烦恼，要立即采取行动，使自己从绝望中逃脱出来。你要相信新的一天就会有新的希望。"恐惧、摇摆不定和怀疑是幸福和成功的最大敌人。其实，英雄与懦夫的区别仅仅在于英雄比懦夫多了"几分钟"的勇敢罢了。普通人面对艰难和挑战，会绕路走开，避免自己心生恐惧感，而勇敢者则向不可能挑战，去迎战内心的恐惧，于是，他们创造了奇迹。

还有一些人一开始无所畏惧：老子来到这个社会上什么都没有，大不了失败从头再来，最多还是一无所有。他们成功了，可等他们成为百万、千万、亿万富翁的时候，他们很难再上一个台阶。因为他们自我满足了。当一个人自我满足的时候，就意味着停止不前，当一个人停止成长的时候，就意味着慢性自杀。

我们小时候捉麻雀时，用棍子支起脸盆，然后在周围断断续续撒些小米，而脸盆下面的小米最多。最初，麻雀还非常谨慎。但是，“尝到甜头”后，它们便失去了警惕，忘记了对周围危险的观察，跑到盆下面去吃成堆的小米，被我们活捉。要知道，成功往往是“陷阱”，而不是“馅饼”。把成功“归零”，我们就不会成为职场上那只背着重壳爬行的蜗牛；把成功“归零”，我们才能像骨骼中空的鸟类那样轻盈地飞翔。

我们要不害怕失败，勇于去尝试，积极去体验，更要不受限成功，要不断地有更大的追求、更大的期许。唯有如此，在追逐梦想的道路上，我们才能越走越远，越爬越高。

【觉醒】有梦的人生最美

人有三种类别：一是自燃体，自己能自动的发出光和热，这种人多是领袖人物，比如奥巴马，习近平等，他们充满激情，因为他们心中有梦想，他们会自我燃烧，并且会引爆更多的人。二是易燃体，一点火就着了，这种人多是组织的中坚人物，经过领袖人物的带动，他们会燃起激情。三是绝燃体，不会燃烧，这种人多是不受欢迎的边缘人士，任人踢打辱骂，都如同一潭死水一样。

你要成为什么样的人？相信我们大家都愿意成为能够自我燃烧，并且会引爆他人的人。要想成为“自燃体”，我们只需有梦想，有梦想的人就会有激情，就能每天精神饱满，斗志昂扬。

做梦是不需要花钱的，为什么不做一下呢！不妨，每天都花 10 分钟做一次梦。

问问自己，关于梦想的三个问题。

问题 1：我要成为什么样的人？

苹果公司创始人乔布斯说：“活着，就是为了改变世界。”

鲍勃·普克特说：“生命绝对不可以平凡，而且本来就该不平凡。”

而我想，人活着，就要活得精彩一点。人生最重要的问题就是如何认识自己，明确了这个问题，就有了活着的精神和力量。林语堂说：“梦想无论怎样模糊，总潜伏在我们的心底，使我们的心境永远得不到宁静，直到这些梦想成为事实才止；像种子在地下一样，一定要萌芽滋长，伸出地面来，寻找阳光。”

很多时候，我们会被现实所困，找不到出路，忙碌的脚步总是太过匆匆，走了太远，却忘了当初为何出发，这时不妨停下匆忙的脚步，静静地问问自己——我要成为什么样的人？

当我在家种一亩三分地时，并未屈服于命运。我渴望成功，渴望像雄鹰一般展翅翱翔于天际。我要成为一个企业家，成为一个光耀家族、改变家族命运的人，成为一个影响世界的人。因此，我不断为之奋斗，我要为我所做的每一件事贴上卓越的标签，现如今，我的梦想正在一步步地成为现实，而我还在继续前行。

生命的伟大在于心中有梦。

人因梦想而伟大，人因学习而改变，人因行动而卓越。

问题 2：我要成就什么样的事业?

奥斯特洛夫斯基说过这样一句话——人生最宝贵的是生命，生命属于人只有一次。一个人的生命应当这样度过：当他回忆往事的时候，不致因虚度年华而悔恨，也不致因碌碌无为而羞愧；在临死的时候，他能够说："我的整个生命和全部精力，都已献给世界上最壮丽的事业——为人类的解放而斗争。"

爱因斯坦也说过："对一个人来说，所期望的不是别的，而仅仅是他能全力以赴和献身于一种美好事业。"

为什么你每天都活得浑浑噩噩？为什么你觉得人生没有方向？因为你没有梦想，没有追求，不知道自己想成就什么样的事业。只有知道了自己要干什么，你才有可能干成什么。

2008 年，我创办了上海巨海企业管理顾问有限公司，经过 8 年的发展，巨海公司已经拥有了上海、杭州、苏州、无锡、南通、扬州、温州、金华、义乌、嘉兴、宁波、成都、乐山、眉山、重庆、绵阳、柳州、衡水、银川等 60 多家分公司。

我梦想着 2018 年巨海集团能够成为一家上市公司，我们将在北京鸟巢办 10 万人慈善励志演讲，届时我将邀请华人首富李嘉诚先生出席演讲。我还将邀请国际功夫巨星成龙和壹基金创始人李连杰与我同台演讲，我的左边是成龙，右边是李连杰，两人中间则站着——成杰！

看到我如今的成长改变以及所成就的事业，很多人说我是个天才，其实，我想说的是，我并不是天才，只是明确地知道要做什么，要成就什么样的事业。正如高尔基所言："天才是由于对事业的热爱而发展起来的。简直可以说，天才——就其本质而论——只不过是对事业，对工作的热爱而已。"

问题 3：我要成就多少人的梦想？

领导人就是发自内心的成就人，你能成就多少人的梦想，你就能成就多大的事业！

创办巨海之初，我便确立了巨海使命——帮助企业成长，成就同人梦想，为中国成为世界第一经济强国而努力奋斗。

巨海自 2008 年创办至今，越来越多的企业家走进了巨海的课堂，在巨海，他们找到了人生的梦想，他们不断地成长蜕变，他们的企业也发生了翻天覆地的变化。

巨海企业家讲师团首席讲师秦以金老师的人生一波三折，自从来到巨海，他从一个上台腿发抖，说话不流利的企业家，华丽蜕变成一名超级演说家和中国团队建设专家。

在一次偶然的机会中，四川天星影视艺术学院陈天星院长走进了我的课程。2011 年 8 月 28 日，他拜我为师，成为一名演说家。

2011 年 9 月 21 日，他主演的电影《双截棍》在第五届德国科隆电影节获得最高奖项——组委会大奖。

回到国内，正好是 9 月 27-29 日，巨海教育集团举办了《演说家论道》，邀请他作为演讲嘉宾，在我的大力推动和协助下，现场卖电影包场，第一次就突破 100 万元。后来，在我的演讲平台上，他大量参与演讲，于是，他的《双截棍》在 2012 年 3 月 2 日正式上映前，已收回了全部的投资。

2013 年 11 月 11 日，《功夫战斗机》全球首映礼在成都洲际大酒店举办，我作为主创团队一员及陈天星演讲界的师父登台发表演讲，讲述了功夫精神，陈天星的电影梦，将双截棍拍卖了 58 万，创造了历史新高。

巨海公司帮助成千上万家企业实现了发展和腾飞，一位学员说：“成杰老师的课程可以让人的心胸格局彻底放大，让整个人彻底改变，让你知道如何去领导好自己的企业以及成就自己的员工，让你的员工以及你身边的人从心底里感激你，让你的影响力飞速扩大！”

上海卡夫贸易有限公司总经理丁海燕说："是成杰老师打开了我人生的一扇窗户，让我'破茧成蝶，焕然重生'。相遇巨海，我的人生，我的家庭，我的企业得到腾飞！"

上海中美自控阀门有限公司董事长余健说："在成杰老师的课程上，我获得了生命之火重新燃烧的感觉。成杰老师的舞台魅力深深地吸引并震撼了我，他独创的《生命智慧的十大法门》，让我找到了人生的梦想，我的新生命从此起航。"

每一个来巨海的人，我们都会跟他说："来到巨海，没有梦想，我们帮你找到梦想；有了梦想，我们帮你实现梦想。"

我越来越觉得巨海是一个伟大的事业平台，因为这个平台，成就很多年轻人的梦想。很多"90后"的年轻人来到巨海，开始有了自己的梦想，并努力地去实现梦想。有些人来到巨海，短短一两年时间，便已开始买奔驰、宝马，买房，并实现了自己的人生价值。今天也有很多人，他们的父母是成功的企业家，但是他们依然选择来巨海，成长自己，改变自己。

触动行动

请写下你人生的五大梦想

第 4 大法门

生命的强大在于历经苦难

小成功靠磨难，大成就靠灾难。

古今大成就者，皆历经苦难。“盖文王拘而演《周易》；仲尼厄而作《春秋》；屈原放逐，乃赋《离骚》；左丘失明，厥有《国语》；孙子膑脚，《兵法》修列……”历经苦难，生命得以强大，人生彰显伟大。

蚕蛹破茧而成蝶，老鹰击啄脱羽而新生，凤凰涅槃浴火而重生，蜡烛燃烧成灰而得光明，钻石久经磨砺而生溢彩，橄榄历经压榨方出油，葡萄酝酿成酒飘香溢。玉，久经打磨，价值连城；人，唯经历苦难，才能直面人生，经起浮沉，跨越坎坷荆棘；大浪淘沙，方显英雄本色。

多难兴邦，奋发图强，得民族伟大，人民坚强。人，历经磨难，方见心明志，增慧开智！

品味苦难，明心见智，强大内心，知当下之所为，抒志士之气，成宏伟之志。

“山阻石拦，大江毕竟东流去；雪辱霜欺，梅花依旧向阳开”，历经苦难，磨炼心智，提升心性，迎人生千重变，悟生命之真谛。尔后，发奋图强，勤勉精进，强大其身、其心、其志，以至成功！

历经苦难，人生波澜壮阔，浩瀚璀璨；品人生酸甜苦辣，生命精彩绝伦。人生无苦难，味若嚼蜡，终其一生，平平庸庸。

“山鹰不怕峰峦陡，志士不怕磨难多”，苦难如乌云，拨云见日，必是明媚曙光，苦难如波浪，顽强抵抗，必乘风破浪。

了悟苦难，得快乐，历经苦难，得幸福；苦难后，悟生命之无常，便活在当下，从当下出发，立志发愿，得以新生。

人生在世，苦难相随，欢喜相伴，皆为常理，苦难来之，若能接纳，善待、感恩、历经、体验，品苦难若饮甘露，便收获人生大成就，拥有生命大智慧。

【缘起】不生烦恼，不足以生智慧；不入巨海，不足以得宝珠

在《维摩诘经》中，佛曰：是故当知一切烦恼为如来种。譬如不下巨海不能得无价宝珠。如是不入烦恼大海，则不能得一切智宝。没有经历过烦恼的人很难参透这句话的意思，而我却很早就领悟到了。

2004年1月3日，突然，电话响起来了，是妈妈打过来，她叫了一声我的名字，就泣不成声。我一下子紧张起来，急忙问出了什么事，妈妈说，孩子，你赶快回来吧，你爸从墙上摔了下来。

三年了，从2001年出来闯荡到2004年，不管遇到多大的问题，面临多大的困难，我都咬着牙坚持，从来没有流过泪，而那一刻，想象父亲的痛苦，母亲的无助，我的泪水再也控制不住地流了出来。

回到家，我才知道，父亲是在帮助别人修房子的时候，从房子上摔了下来，摔断了三根肋骨！

“爸，为什么不去医院？”我哽咽着问，“去医院干啥？多贵啊。一点小伤，吃点药，消消炎、消消肿，养几天就没事了！”父亲回答。我想劝劝父亲，可话到嘴边又咽了回去，我很清楚，就凭自己口袋里借来的800元钱，恐怕连

一天的住院费都不够！

第二天一早，我上山放牛，遇到了放牛的一位长辈，他对我说："听你妈说，你家里还有 3000 块钱，你爸舍不得花，就为了留着给你娶媳妇用！"听完这话，我一个人在山上，傻傻地站了很久，心里却被父母深沉的爱和生活的窘迫深深震撼着。

"你姐出嫁了，你妈身体也不太好，你爸哮喘，常年咳嗽，有病医院都舍不得住，你出去打拼三年了，也没什么起色，这个家，全靠你爹一个人撑着！他真不容易啊！"当时，我就暗暗发誓："我一定要成功！我一定要加倍努力！一定要比以前努力十倍！百倍！一千倍！一万倍！我一定要在最短的时间内让我的父母过上衣食无忧富足而幸福的生活！不能再让他们受苦了！"

我认为，苦难分为两种，一种是外在的、肉体上的苦难，比如，没钱吃饭、交不起房租等等，还有一种是心智的、精神的苦难，比如父亲受伤带给我的就是心智上深深的伤痛。

两种苦难都能让我们变得坚强，让意志力得到培养。所以我们说，不生烦恼，不足以生智慧；不入巨海，不足以得宝珠。我正是以苦难为师，以苦难为友，以苦难为杖，以苦难为光，一路披荆斩棘地走来。

【悟道】苦难是人生最好的商学院

一个人如何在有限的生命中，去成就无限的梦想？当一个人有了梦想，在追寻梦想的过程中就会遇到困难、挫折和挑战，每一个真正有大成就的人，都是从苦难中走出来的。

生命的伟大在于历经苦难。苦难是一种财富，它比幸福更难忘怀。一个没有经过苦难的人，要想有所成就，几乎不可能。因为不经历失败，就不知道跌倒的滋味，更不知道跌倒后如何爬起。只有在一次次跌倒又爬起的过程中，勇气和毅力才会增加，而这种勇气和毅力最终能带你步入成功。

一个没有经过风雨的人，怎能知道大海波澜壮阔的美；一个没有登过高山的人，怎能知道山高人为峰的境界；一枝长在温室里的花朵，怎能知道笑傲风雪的洒脱。苦难是人生最好的商学院，它是带领人们驰向成功彼岸的风帆。

● 问题就是礼物

问题就是礼物。这里的问题有两个层面，第一个层面是指我们人生中面临的困难、挑战。人生不如意十之八九，这些困难、挑战是客观存在的，它能磨炼我们的意志，丰富我们的经验，让我们变得更完美。第二个层面是指我们思维层面上需要解决的问题，比如，如何处理员工关系，如何留住关键人才，如何打动客户，这些问题能够带给我们启发和思考，在这个过程中，我们的问题得到不断完善和解决！

成龙是香港影坛大哥级的人物，后来又到好莱坞发展，在强者如林的好莱坞，他依然闯出了一片天空。成龙的成就举世瞩目，他的人生一定得天独厚，的确，他自幼年时期就拥有上帝恩赐的礼物——苦难。

成龙的父亲是香港法国领事馆的普通职员。6 岁时，父亲转到澳洲的美国领事馆工作，因为不能带小孩子一起去，成龙就被送到京剧泰斗于占元处寄宿学艺。父母每隔两年才能回一次香港，而成龙一个人在香港自求“生存之道”。

根据成龙后来回忆，当时每天清晨 5 点起床，一直要练到半夜 12 点。于师傅是位“严师”，奉行棍棒教育的宗旨，对他的学生，每个都打，天天都打，只有过年过节时才稍微“收手”。为了赚钱，成龙等人要去外面表演武术，一年 365 天，天天不停。8 岁开始，成龙已经以童星姿态加入电影圈跑龙套。他参演的第一部影片是李丽华主演的《秦香莲》。童年的经历为成龙积累了丰富的经验！

年少时的艰难、困苦成了成龙表演创作的源泉。在《笑拳怪招》《师弟出马》等影片里，他将痛苦的童年戏剧化为受恶人欺侮，苛刻的师傅演变为老顽童式的恩师。成龙的父母缺席、师傅严苛，这些都是生命交给他的“酸柠檬”，他却将“酸柠檬”精心制成可口的“柠檬汁”，使他平地一声雷，成为继李小龙之后最受欢迎的武打明星。

拿破仑·希尔说：“向自己挑战。每一次你做一件事，尽你所能做得比你自己上一次的表现更好、更快，你就会傲视同行。”困难、挑战、问题都是上天赐予的礼物，微笑着去打开它、接受它、弄明白它，你就能真正领悟到它之所以成为恩赐的意义所在。

● 车到山前必有路，水到绝处为瀑布，人到绝处能逢生

黎明前最黑暗，胜利前最绝望，成功前最渺茫。好事多磨，人生的最低谷，往往是人生转机的开始。我进入教育培训业伊始，对此感受最深。

2004 年春节后，我想好了未来一年前进的方向：我要在培训行业坚持下去，要站上讲台，要做那个在演讲行业里“剩者为王”的人！

可当时的我，没有公司，没有平台，没有资金，没有知名度，没有经验，没有能力……唯一拥有的只是梦想和执着。不过，命运恰恰会眷顾那些有着狂热梦想和执着追求的人。

一个偶然的机会，我认识了当时四川省知名演说家陈再华老师。他以前是学校的语文老师，后出了一本书，在全省几百所学校做了名为“成功的起跑线”“快乐学习”的演讲，很受广大学生的追捧。

我跟陈再华老师聊了对演讲事业的热爱和目前自己的困境，并向他请教成功的经验。在这次谈话中，我决定效

仿陈再华老师的路子，先把自己多年来写的日记、感悟和发表的文章整理成一本书，然后做校园演讲。

在位于绵阳高新区一间简陋的宿舍里，我完成了我人生中第一本书《迈向成功之路》的写作，请陈再华老师为我写了一篇热情洋溢的序言，好朋友李显耀借给我资金，最终把书印刷出来。

在接下来的一个多月里，我每天带上几本书，骑着一辆破旧的自行车，到学校里推销自己的演讲。说“推销”还不是很贴切，因为只有“推”没有“销”，我费尽口舌想请求学校领导给我机会，让我免费为同学们演讲，却屡遭拒绝。

一次次敲响机会的大门，一次次被无情地拒绝。两个月后，就在我微不足道的启动资金快要变成零的时候，绵阳创业学院终于同意给我一次演讲的机会。可好不容易等来的这次演讲机会，却约了三次，前两次到了约定时间，学校又因有其他活动相冲突而往后推延。

到了第三次约定日的上午，天公不作美，突然间，电闪雷鸣，狂风暴雨袭来，学校教导处的刘老师打来电话：“这样恶劣的天气，要不这次演讲就取消了吧，下次有机会再安排？”我连忙说：“不，不能取消！我们都已经约了三次了！这次不管下多大的雨，哪怕是下冰雹，我都要去讲！”听到我如此坚定的语气，刘老师不再反对：“那好，下午三点，准时开始。”

就这样，漫长的两个多月的自我推销之后，我终于迎来了人生中第一场校园演讲。在那个大雨滂沱的下午，绵阳创业学院300多个学生集中在学校大礼堂，坐着小板凳，翘首聆听。为了这场演讲，我已经准备了太久太久，每一个字每一句话每一个肢体动作，都已经烂熟于心。一个半小时的演讲结束了，台下掌声不断。

在掌声间歇的时候，我终于说出了那句很不好意思说但又不得不说的话，因为我知道，自己很快就没有生活费了："谢谢大家的掌声。这是我写的一本书《迈向成功之路》，原价16.8元，现在只卖10元钱一本，有兴趣的同学可以到这里来购买。"开口总比不开口要好，那天下午，有16个学生主动买了我的书，而更多的学生拥向前来找我签名，他们由衷地赞叹：你的演讲太好了！听到他们的赞美，我的眼角湿润了。

万事开头难，有了第一次成功的演讲，后面与学校约场就变得容易起来。短短四个月的时间里，我在西南地区近百所大中专院校进行了巡回演讲，平均每一天就有一场演讲。一时间，我成为了西南地区校园里的名人。

这段时间的演讲全部都是免费的，虽然每次讲完，能卖十几二十本书，收入微薄，我的生活依旧拮据，但是，我的演讲水平和临场应变能力却得到了突飞猛进的提升，这成了我受益终身的财富，为我未来演讲事业的发展奠定了坚实的基础。

《易经》里有一个重要的思想：否极泰来，阳刚往而将尽，阴柔来而将至高亢之时，势必峰回路转，阳刚遂复返而渐来，阴柔则衰而渐往。车到山前必有路，水到绝处为瀑布，人到绝处能逢生，世事就是这么奇妙，当你觉得人生已经跌到最底端的时候，这恰恰是人生跳跃的关键期。苦难的尽头是生机，而不是死局。

● 苦难让我们懂得珍惜人生

当在汶川地震中失去双腿的廖智站在舞台上，如常人般深情舞动的时候，无数人的心都被震撼了。谈到那场天灾，廖智说那场生死劫难，让她开始明白一个词语——珍惜。

2008 年 5 月 12 日午饭后，廖智和婆婆在家逗孩子玩，突然，地震来袭，几秒钟后她和婆婆、女儿一起随垮塌的房屋掉了下去……在那场灾难中，她失去了深爱的女儿和婆婆。廖智在废墟里挺过 26 小时后获救，但却面临截肢的现实，廖智没有犹豫，也没有惧怕，在没有亲人签手术单的情况下，她淡定地对医生说："我自己签吧。"

地震前，廖智有一个完美的家庭，有一个可爱的女儿，也有一个舞蹈老师的稳定工作。地震后，可爱的女儿跟她阴阳两隔，老公跟她离婚，她失去了双腿，舞蹈老师的工作变得遥不可及。经过短暂的忧伤后，廖智选择了站起来，她说："我的生命里面已经没有剩下什么可以被我挥霍的，所以我必须珍惜每一天，我必须把握好每一天。"

用假肢走路，要忍受肉体摩擦的巨大疼痛，但为了追求做人的尊严，很长一段时间里，廖智每天早晨一起床，就打开电脑，放着激烈的音乐，扶着家里的门把手，扶着穿衣镜，一遍又一遍地练习踢腿、转圈，慢慢地，她能做的动作越来越多，最终有一天，她不用依赖父母就能生活了，她又能跳舞了。

现在，廖智站在了各大电视节目的舞台上，释放出璀璨的光芒。如果没有地震带给她的苦难，或许她永远是一个平凡的舞蹈老师。是那些苦难，让她绝地反击，让她下定决心要活出生命的价值，于是，她开始更努力地成长，也因为这份努力，她的生命更具光彩，她进入央视和各大卫视，她把自己的故事变成了畅销书，感动了无数人。苦难让廖智懂得生命需要更具价值，苦难让她懂得了珍惜生命中的每一天。所以说，苦难是人生最好的商学院，它可以教会我们坚强，让我们更加具有智慧。

在这个世界上理所当然的事情将会越来越少，而值得我们感恩的事情将会越来越多。苦难让我们懂得珍惜今天，让我们懂得感恩现在。

● 苦难是人生的必修课

人生没有苦难，就会不堪一击。正是因为有苦难，所以成功才那么美丽动人；因为有灾患，所以欢乐才那么令人喜悦；因为有饥饿，所以佳肴才让人觉得那么甜美。正是因为有苦难的存在，才能激发我们人生的力量，使我们的意志更加坚强。人的成长必须经历痛苦挣扎，直到双翅强壮后，才可以振翅高飞。

在美国，有这样一个年轻人，虽然家庭条件很优越，但父母早早地就让他独立。大学的时候，每逢节假日，他都要到父亲开设的工厂去上班，他用打工挣来的工资来偿还父母为他垫付的学费和生活费。

他大学毕业的时候，原本以为父亲会让他接管公司，可没想到，等待他的是被赶出家门的结果。

他想去银行贷款做生意，可父亲坚决不给他做担保，没有办法从银行贷到一分钱，只得去给别人打工。他辛苦工作，慢慢积累了一点资金，然后自己开了一家小店，小店生意不错，他又开了家小公司，小公司慢慢地变成了大公司。但很不幸的是，他的公司因为经营管理不善倒闭了，多年的奋斗成果一下子归零了。

他一度很沮丧，想过自杀，但又不甘心，最终，他决定挺起胸膛，从头再来。这个时候，父亲找到了他，让他来接管自己的公司。他问父亲："我现在是个一无所有的失败者，你为什么还要我接管你的公司呢？"

父亲说："不，孩子，你虽然跟几年前一样依然没有钱，但你有了一段宝贵的经历，这段经历对你来说是一场艰苦的磨炼，它让你学会了珍惜，学会了为人处世，学会在这个社会上坚强地生存，有了段经历，你一定能把我的公司管理好，还会不断让它发展壮大。”

果然，正如父亲说的一样，这位年轻人将父亲规模不大的公司发展成了一家令全球瞩目的大公司，他就是伯克希尔公司总裁，有着“美国股神”称号的沃伦·巴菲特。受那段苦难日子的影响，沃伦·巴菲特一生节俭，从事谨慎，这成为他保持财富帝国屹立不倒的终极武器。

每个人一生都注定要跋涉沟沟坎坎，品尝苦涩与无奈，经历挫折与失意。痛苦，是人生必须经历的一课。因此，在漫长的人生旅途中，苦难并不可怕，挫折也无须忧伤。要知道，艰难险阻是人生对你的另一种形式的馈赠，坑坑洼洼也是对你的意志的磨炼与考验。因此，不要抱怨生活给了你太多的磨难，不要抱怨生活中有太多的曲折，更不要抱怨生活中存在的不公。当你走过世间的繁华与喧嚣，阅尽世事，你会明白：痛苦，是人生必须经历的过程！

● 小成功靠磨难，大成就靠灾难

我们都很熟悉释迦牟尼佛菩提树下开悟的故事，可很多人不知道的是，在开悟之前，他曾经放下王位，出家求道十二年，在这十二年里，他曾多方寻访名师，以求大道，之后，他开始自己苦修，在长达六年的时间里，他由最初每日食一麻一麦，渐渐至七日食一麻一麦以至于不饮不食，他在树下结跏趺坐，身无覆盖，不避风雨，不卧不起，乃至一只大雕在他头顶结巢哺雏，粪污其身也毫不在意。

释迦牟尼佛经历了十年的辛酸荣辱，所有世事沧桑，经过“心”的沉淀，这才让他在枯坐七七四十九天之后，仰望明星而顿悟。试想，如果没有先前十二年的求索经历，单凭空悟，是很难悟出来的。

经历是一种财富，所以当你经历苦难越多的时候，你的心智会变得越成熟。人的一生中，你所承受的痛苦，所经历的苦难，跟你所到达的高度，所取得的成就一定是成正比的。

有“心灵女王”之称的黑人女主持奥普拉·温弗瑞，在美国家喻户晓，在美国竞争激烈的电视圈中，她的《奥普拉脱口秀》节目保持 25 年屹立不倒，这档谈话节目曾在全球 100 多个国家和地区播出，每天吸引着大约 700 万观众，她的成功秘诀是什么呢？奥普拉的答案是——逆境！

幼年时的奥普拉，生活清贫、困顿、低微到了极点。她出生于美国南方的偏僻小镇，非婚生，自小跟着祖母长大，家庭贫困，幼时经常穿着用装马铃薯的麻袋制成的衣服，玩儿的是用风干的玉米棒子做的洋娃娃，甚至连其现在的名字也是出生卡上错拼出来的。更波折的命运还在后面，9 岁时，她遭受多人性侵犯，14 岁时生下一名不久即夭折的女婴，她曾经自甘堕落：抽烟、吸毒、酗酒……乃至差点被送进少管所。

后来，她追逐着梦想，力争改善自己的处境，终于有机会成为主持人。因为有之前苦难的人生经历，奥普拉形成了富于同情、善于倾听、坦诚交流的独到主持风格，在她面前，不管是普通人还是明星，都愿意对她说出自己的故事和秘密，这使得她的节目成了“心灵鸡汤”。

如今，她成立了自己的“传媒帝国”，出杂志、办电视、经营读书俱乐部，乐在其中。

小成功靠磨难，大成功靠灾难。经过大灾大难的人，才能真正顿悟人生，智慧境界才能达到一定的高度，才能取得非同一般的成就。

换一个角度讲，小成功靠朋友，大成就靠敌人。很多时候，人生是被敌人逼出来的。一个遇到过真正对手的人，他才会变得更强大。

在电视剧《康熙大帝》中有这样一幕：康熙大帝举办了千叟宴，在他端起酒碗敬酒，第一碗敬孝庄太皇太后，第二碗敬各位臣工，当端起第三碗酒时他说道：“这第三碗酒，朕要敬给朕的死敌们，鳌拜、吴三桂、郑经、噶尔丹，还有那个朱三太子，他们都是英雄豪杰，他们造就了朕，他们逼着朕立下了这丰功伟业。朕恨他们，也敬他们。唉，可惜呀，他们都死了，朕寂寞呀！朕不祝他们死得安宁，祝他们来生再与朕为敌吧！”康熙皇帝真正了解到是敌人让他变得强大。

【践行】用全身心的爱迎接挑战

生命的伟大在于历经挑战，大文学家巴尔扎克说过:“苦难对于天才是一块垫脚石，对能干的人是一笔财富，对弱者是一个万丈深渊。”坚强的直面苦难不仅可以为你带来成功的欢乐，而且会让你懂得如何战胜困难，更有意义地生活，这便是苦难的真谛。

《羊皮卷》中有这样一段话：我要用全身心的爱来迎接今天。从今往后，我对一切都要满怀爱心，这样才能获得新生。我爱太阳，它温暖我的身体；我爱雨水，它洗净我的灵魂；我爱光明，它为我指引道路；我也爱黑夜，它让我看到星辰；我迎接快乐，它让我心胸开阔；我忍受悲伤，它升华我的灵魂；我接受报酬，因为我为此付出汗水；我不怕困难，因为它们给我挑战。

我们说，态度决定一切，当我们用全身心的爱迎接苦难的时候，苦难带给我们的将是受益一生的财富。

佛陀叫来两个积极向上的青年问道:“你们想知道成功的秘诀吗?”答曰:“请赐予。”佛陀手一挥，一座青山便巍峨立于前。佛陀说:“翻过这座山就告诉你们答案。”经过简单的准备，两位年轻人上路了。时而还有野兽出没，走来比他们想象的还要艰辛。一开始他们互助共济，不过随着一条通往山后的隧道的出现，两个人因不同意见产生分歧而分道扬镳。

等这个爬到山顶再折道下山的年轻人经历千辛万苦百般磨炼终于到达山脚时，那个穿过隧道就直接到达目的地的年轻人已等候多时。这时佛陀出现了："现在请告诉我你们的答案吧？"那个走隧道轻松到达终点的年轻人说："成功就在于明智的选择。"

那个有捷径不走而偏要翻山越岭的年轻人说："走山路的确很艰辛，但我要是走了捷径就不会领略到这份艰辛；而正是这份艰辛磨炼了我的意志，我相信以后遇到任何困难我都不会退缩。而且在尝受这份艰辛的同时我也欣赏了一路的风景，我想这是走捷径所看不到的。成功本应该是不断尝试的过程，而不是不择手段寻求的结果。"

佛陀没有告诉他们谁对谁错，只不过，许多年后，那个走捷径的年轻人依然平庸，而另一位翻山越岭的人却几经打拼后成就了一番大事业。

在课堂上，讲到苦难，我是这样说的：我感谢曾经63天找不到工作的日子，它让我学会了坚强；感谢曾经在餐厅做服务员的日子，它让我学会了用心；感谢在最炎热的夏天，沿街卖报纸的日子，它让我学会了与人交往；感谢那些苦难的岁月，卖报纸，摆地摊，安装空调，做餐厅服务员，做流水线工人，做搬运工人，它们让我变得坚强。坚强到没有人可以伤害我，没有困难可以打倒我。

苦难，你把它当作一种财富，把它当作一种经历和体验，那你的人生就会更加美好。

这个世界上理想与现实没法统一，也许我们付出很多，却收获甚微，甚至我们付出全部的时间和精力，却没有任何收获。这时，我们要调整自己，梳理自己，要用全身心的爱迎接每一次失败，人生在世，没有经历就没有成长，而每次苦难都将在未来成为我们腾飞的助力。

● 中国首富的“九死一生”

2013 年，王健林以净资产 860 亿人民币问鼎中国首富。2015 年，王健林以 242 亿美元财富再次成为中国内地首富。王健林说：“所有成功路上都会遇到若干挫折，能咬牙坚持住的人就成功了，坚持不住的人就成为先烈了”。

创业难关最典型的有两点：一是拿不到项目，二是借不到钱，这两个难关都被王健林碰到了。

创业初期，王健林通过一个老战友“借”了个指标，可是还得去找当时的市领导批地。他跑了一趟又一趟，因为他只有一个籍籍无名的小公司，市里的人都不太搭理他。最后，市领导被他磨烦了，就扔给他一个鸡肋：“你不是想开发吗？把市政府北侧那块地给你。”

可这个项目的改造成本很高，要 1200 元 / 平方米，而大连市当时最好的房子一平方米只能卖到 1000 多一点。

别人眼中的鸡肋，王健林却认为是个机会：“开发公司，只有开才能发，你都不敢开怎么能发呢？”在一片质疑声中，王健林果断启动了这个项目。

项目启动，首先要解决的就是贷款问题。这个项目需要一笔2000万元的贷款，王健林有土地做抵押、所有的手续也都齐全，可他找了几十家银行，没有一家愿意贷款给他。当时的市政府很清楚转给他的是一个烫手山芋，有心帮帮他，就指定了一家国有银行贷款给他做启动资金，这家银行也答应了。

可当王健林上门找这家银行的行长的时候，却一次又一次地吃了闭门羹。为了搞定贷款的事儿，王健林想了各种办法。他还曾去银行负责人家里楼下蹲点，一蹲就是一个晚上，可仍旧没看到人进去，也没看到人出来。

当时的情况，民营企业刚刚发展，对于银行来说，贷款给民营企业的风险非常大，如果国有企业亏损了，银行不用承担什么责任，但如果民营企业亏损了，银行很可能要承担责任，对银行负责人避而不见的做法，他很理解，可贷款问题如何解决呢？

最后，有人向王健林建议："干脆你就发一个债券"，被逼得无路可走的王健林真的就发行了债券，并做出了每年20%的高回报率的承诺，债券推出来以后被一抢而光，启动资金的难题终于得到了解决。

接下来，原住居民的搬迁安置成了摆在王健林眼前的另一道坎儿。王健林对这个项目进行了创新性开发：每间房子有明厅、有卫生间，门窗都用最好的，这在当时是非常高端的配置。改造完成后，这套房子卖到了 1500 元一平方米，远高于当时的市场价，但一个月的时间就一扫而光。这个项目让王健林赚到了 1000 万元，成功掘取了第一桶金。

王健林经常讲一句话：我们经常说不到黄河心不死，不撞南墙不回头，我不一样，我到了黄河心也不死，可能搭一个桥我就过去了；撞了南墙也不回头，我找个梯子就爬过去了。

伟大是熬出来的，没有经过九死一生的考验，企业是做不长的，企业家是强大不起来的。纵观国内外企业家的成长史，每个成功的企业家几乎都是苦出来的。

褚时健 60 岁时，坐拥年创利税近 200 亿的红塔帝国，说话如"圣旨"，被尊称"老爷子"，却因贪污罪被判无期徒刑，从人生巅峰一下跌到了谷底，他唯一的女儿在狱中自杀，褚时健白发人送黑发人，心里的苦是最难说明白的。保外就医后，他开始承包荒山种橙子，目前成为拥有 35 万株冰糖橙的亿万富翁。

若能把绊脚石变成垫脚石，你就是生活的强者。你若不断地挑战、战胜困难，最终，它必定会向你屈服。

● 人类千年来第一人是如何炼成的

美国《生活》杂志提名他为过去一千年来，对人来最有贡献的人。他一生所完成的发明为数惊人，高达 1093 种，他是全世界拥有最多发明专利的人，在连续65年的时间里，他每年至少申请一项新的发明专利。他还建造了现代化的研究实验室。他就是爱迪生。

爱迪生之所以能有如此大的成就，与他一生经受的苦难分不开，如果把爱迪生的生活以放映电影的形式再现，我们就会发现，爱迪生的前半生是悲惨的，他的一生遭受了比常人更多、更大的磨难：

上小学时，爱迪生因“太笨，接受不了老师讲授的内容”被老师以“低能儿”的名义撵出学校；因此，他饱受同学和邻居的嘲讽。

少年时，爱迪生被陌生人重重地扇了一耳光，致使耳膜破裂，此后一直处于半聋状态。

青年时期，爱迪生曾在3年的时间内换了10个工作，5次是被免职，另5次辞职，他过着流浪似的生活，没有任何保障；他推出的许多专利一直没能得到人们的认可。

37岁那年，爱迪生的妻子去世，他一人带着3个年龄分别为13岁、8岁和6岁的孩子生活。

一连串的打击并没有磨灭他对生活的信心及对研究发明的热忱，他是个不折不扣的乐观主义者，在面对困难的时候，他总是能够看见好的一面。

在60多岁时，他在新泽西州的西柑市建立了一个举世闻名的大型实验室，并将这个拥有14栋楼的园区称为他的发明工厂。

爱迪生深爱这个发明工厂。他几乎把清醒的每一分钟都花在这个园区里。有时候,他甚至睡在实验室的长桌上过夜。不幸的是，在 1914 年 12 月的某一天，一场大火毁掉了他的实验室，绝大多数发明装置和他一生的心血在这场灾难中付之一炬。

在大火燃烧最旺的时候，爱迪生 24 岁的儿子查里斯在浓烟和废墟中发疯似的寻找他的父亲，当他找到父亲时，发现爱迪生平静地看着火势，说:“查里斯，你母亲在哪里?去，快去把她找来，她这辈子恐怕再也见不着这样壮观的火焰了。”他的脸在摇曳的火光中闪亮，白发在寒风中飘动。他平静地看着大火，眼神中或许有悲伤，有无奈，但更多的是坚毅和冷静。

第二天早上，面对着一片废墟，爱迪生却说出了这样一句话:“灾难自有它的价值，瞧，这不，我们以前所有的谬误、过失都给烧得一干二净。感谢上帝，这下我们又可以从头再来了。”

大部分人在这种情况下会悲痛欲绝，但爱迪生却没有，他说:“我今年 67 岁，我想重新开始的话还不晚，从失败中爬起的事情，我已经有过许多经验。”

“灾难自有它的价值”，爱迪生乐观看待灾难的态度让他浴火重生，在废墟中找到了新生，就在火灾后的第三个星期，爱迪生发明了世界第一台留声机。

很多时候，灾难并不可怕，可怕的是我们丧失理智，失去信心。世上没有真正的绝境，真正的绝境是自认失败，是精神上的放弃；而豁达乐观与坚强不屈的个性往往是从灾难的废墟中挖掘出的宝藏。

世上的伟人有两种，一种是天生拥有真正大智慧的人，一种是经过苦难磨炼，被逼出来的人，后者更让人钦佩。

“看成败，人生豪迈，只不过是从头再来。”人生就应该如此：从哪儿跌倒，从哪儿爬起，把困难和坎坷都踩在脚下。

大困难带来大成就

以下是第 16 任美国总统林肯进驻白宫前的简历：

1831 年，经商失败。

1832 年，竞选州议员，但落选了，工作也丢了，他想就读法学院，但进不去。

1833 年，向朋友借钱经商，但年底就破产了，之后花了 16 年才把债还清。

1835 年，再次竞选州议员，这次成功了！

1835 年，订婚后即将结婚时，未婚妻却死了，因此他的精神完全崩溃，卧病在床六个月。

1840 年，争取成为选举人，失败了！

1843 年，参加国会大选，落选了！

1846 年，当选为美国众议员。

1848 年，寻求国会议员连任，失败了！

1849 年，想在自己的州内担任土地局长的工作，被拒绝了！

1854 年，竞选美国参议员，落选了！

1858 年，再度竞选美国参议员，再度落败。

1860 年，当选美国总统。

出生于肯塔基州哈丁县一个贫苦家庭的林肯，前半生都在面对挫败，九次竞选七次落败，两次经商失败，甚至还精神崩溃过一次。

失败是成功的必经之路，失败越多，离成功也就越近，成功最快的方法就是增加失败的次数！因此，在遇到挫折和失败的时候，千万不能自暴自弃，你一旦放弃成功，将什么都得不到，但若你坚持与失败斗争下去，总会有转机出现。

我在中学时代的获奖作品《成功》：

成功是人类对未来美好生活的追求和向往。我们渴望成功，我们向往未来，我们努力追寻自己的理想。

当然，成功是一个不断奋斗、不断收获、又不断感到失望与不满的历程。成功永无止境，像一条无终点的道路，这路上荆棘丛生，陷阱重重。走上这条路的代价，就是辛勤的汗水和艰苦的磨炼。

坚韧是人生的风帆，脆弱是生命的暗礁。世间没有绝对的成功，所有的成功都是从一次次失败中寻找到的光点，我们只要用孜孜不倦的精神感化艰难险阻，一路上就能欣赏到奇山秀景；努力耕耘人生田园，才会在这片田园中采摘到甜蜜的硕果。

【觉醒】伟大是熬出来的

有一种情穿越千年都不老，有一种爱痛到心碎也无痕，有一种勇气瞬间摧毁困难的壁垒，有一种梦想在绝望中燃起希望的曙光，有一种人生在磨难中华丽蜕变。人们常常抱怨自己的命运不好，去艳羡那些成功人士的荣耀光圈，殊不知很多成功人士也是从命运的泥泞中跌爬滚打出来的。所以，没有经历过风吹雨打的果实是不甜的，没有经历过汗水与泪水洗礼的成功不叫成功。

美国娱乐大王迪士尼 7 岁时，经常在寒风凛冽的冬晨 3 点半爬起来，推着沉重的送报车，挨家挨户地走着，雪花飘在他头上，落在肩膀上，他一次次地跌倒，又艰难地爬起，有一回差点被雪埋了起来。

美国汽车大王福特曾在造船厂夜以继日地工作，周薪 2 美元，却要支付每月 3.5 美元的房租，他节衣缩食，每天只吃花生和葡萄干来果腹。有人劝告："人和引擎一样，也需要燃料啊！"于是他想出了"吃杂草"的方法：买来便宜的大豆制成面包，把捣碎的马利筋叶夹在中间，做成杂草三明治，这就是他获得燃料的主食。

伟大是熬出来的，不少财富大亨的背后都有着赤贫、卖过苦力的经历，这些凝集成了他们的经验、智慧，因此，每个人在追求成就、财富、成功的道路上，都应该时刻做好吃苦的准备，不妨每天扪心自问：

身处逆境，自己能否微笑地面对，积极地生活呢？

在黎明前的黑暗中，自己有没有忍受寂寞的耐心呢？

苦难来时，自己有没有坚持下去的毅力？

当然，苦难是一笔财富，没有吃苦的经历就不可能有成功,但这并不是要我们刻意地去吃一些苦。因为年代不一样，时代不一样，你非要让现在的小孩去吃难以下咽的野菜团子是没有任何意义的。苦难的真谛是不要强求命运，有了困难不要逃避，而战胜苦难的核心是我们要有毅力和坚强的性格。

你想知道自己在面对困难和挫折时有多大的承受力吗？不妨测试一下吧！

测试题目：

你是一个勇敢的探险者，在一次旅程中，你跋涉在一望无际的沙漠中，这时的你已经很久没有进食没有喝水，人已经处于脱水中，进入了幻觉的状态。这时在你的耳边突然响起了一段旋律，这段旋律让你从昏迷中慢慢地清醒起来，你回想一下，你听到的会是以下哪种旋律呢？

A. 一段童声清唱的童谣

B. 一位老者充满热情的异域歌曲

C. 一段悠扬、婉转的笛声吹奏

D. 一段拥有节奏型的铃声演奏

测试结果：

A. 选“一段童声清唱的童谣”承受力：★

你的挫折承受能力可以说是完全没有，就像你的选择一样像个孩子。当你面对困难时会很无助很混乱，无所适从。当面对层层堆积的工作或难以处理的人物关系时，你会“丈二和尚摸不着头脑”，你是多么希望这些问题可以自己烟消云散啊，多么希望能出现一个强大的人为你排忧解难。其实，你缺乏的是勇气与动力，只要你能勇敢地迈出第一步，就是一种胜利！

B. 选“一位老者充满热情的异域歌曲”承受力：★★

你的挫折承受能力很差，面对困难你所能做的就是逃避。对于你来说挫折就像暴风雨，它来了，你就努力地逃避、躲让。你没有勇气面对，更不会认真地去分析、处理。你就像一个弱者没有担当，没有勇气去处理问题，遇到问题一味地逃避，那么问题将会像滚雪球一样越滚越大。因此，你要学会去面对，去承担，当你解决了一个问题时，你就会体会成功的快感，也会更加的认同自己！

C.选“一段悠扬、婉转的笛声吹奏”承受力：★★★

你勇敢、机智，同时还拥有着无限的动力。强大责任感和无可挑剔的经验告诉别人，有困难找我吧！面对困难险阻时，你不慌不乱，甚至可以把很大的问题缩小，并在很短的时间内处理好。你身边的亲朋都会很依靠你，把你当作可以遮风避雨的港湾和勇敢的猛士。你的气场很足，你的强大也深深地感染了身边的人，他们以你为荣，向你学习！

D.选“一段拥有节奏型的铃声演奏”承受力：★★★★

你的抗压能力不能用简单勇猛可以概括，你可以说是有勇有谋，不仅可以战胜困难，还很喜欢挑战自己。你是那种并不满足于处理问题的人，你更喜欢迎接问题，在成功中取得进步，你不会认为挫折给自己带来了多少麻烦，你会认为一次次的挫折是自己人生的洗礼，是迈向成功需要经历的。“不经历风雨，怎能见彩虹”正是你的名言，你的不畏惧是多么的可贵啊！

触动行动

请写出过去在面对困难时给你带来的启发与收获

第5大法门

生命的喜悦在于传道分享

人类的伟大在于懂得分享。

学习获得知识，练习拥有本领，体验进入核心，分享传承智慧。

分享思想，思想遍地开花；分享智慧，得人生大智慧；分享快乐，人间处处欢乐。

孔子周游列国，儒学得以传播；老子书《道德经》，庄子游说，老庄思想得以传承；司马迁退而论书策，《史记》传世；释迦牟尼传教说法，佛学得以弘扬……一切皆为传道分享。

传道分享，为“法布施”，法布施可获无量智慧，无尽品德，无穷才艺，可断烦恼，了生死。

传道分享为普度众生，利他助他善法，可成大道，得天助，所谓“多传道多福报，越分享越幸福”。

传道分享，取之于品德，收之于教化；

传道分享，取之于学识，收之于智慧；

传道分享，取之于胸襟，收之于格局；

传道分享，如春雨绵绵，滋润万物，如阳光普照，驱之阴霾，得之温暖；如万花齐放，取之于色，沁人心扉。

传道分享，追求无我，助人断离烦恼；以“我有”而达“无我”，以修行自我而以众为我。

传道分享，为生命与天地众生共活跃，必如流水，不舍昼夜，生生不息，终将不腐；必如青山，青葱翠绿，不老不逝。

传道分享，是利益众生，普度众生之所为；是内外兼修、广而好施之所举。

传道分享，可生无上智慧，可弘扬博爱，若芸芸众生皆能传道分享，则喜悦加倍，痛苦减半；若芸芸众生皆能传道分享，则思想灿若星斗，照耀古今；若芸芸众生皆能传道分享，则百家争鸣，国家和平昌盛！

学习是智慧的升华，分享是生命的伟大。

越分享，越富有；越分享，越喜悦；越分享，越成功；越分享，越丰盛；越分享，越自在；越分享，越幸福。

【缘起】学习是智慧的升华，分享是生命的伟大

听过我讲课的人都知道，每次“一语定乾坤”开课，有一句话我会讲几十遍：我热爱演讲，我乐意分享，我就是超级演说家。学习是智慧的升华，分享是生命的伟大，分享让我的生命充满喜悦。

2004 年，我在四川绵阳先去大学做公益演讲，后来转战企业免费培训，这种免费演讲一做就是 8 个月，一天讲一场、两场、三场……最高纪录是一天我在不同的企业讲了 7 场，最早是早上 7 点就开始演讲，最晚演讲到深夜两点，很多时候我讲到了嗓子沙哑，还是在持续不断地讲。是什么在支撑着我呢？

其实早在工厂做工人的时候，我就有一个爱好：把自己的学习心得与朋友分享，每次看完一本书，我甚至会专门花钱请朋友们吃夜宵，为的就是跟他们分享我的学习心得。我觉得演讲是一个与别人分享的过程，教育培训是一个可以帮助别人的行业，而这种分享和帮助让我感到发自内心的快乐，也正因为如此，我把培训行业作为自己终生奋斗的事业。

“师者，传道授业解惑也。”播撒智慧，传授知识，在培训的道路上，我乐意燃烧自己的生命，照亮无数生命前

进的道路。

上海巨海企业管理顾问有限公司，“巨海”，意思是巨龙腾飞、海纳百川，我的梦想是把“巨海”打造成一个聚集天下英才的舞台，打造成一个成就同人、帮助客户的平台。

巨海创建前期，作为领导人的我每个月只拿 4000 元的工资，很多时候都要贴钱过日子，但秉持着“分享”的理念，我从未亏待过员工，宁可自己受苦，也不让员工受穷。巨海发展壮大之后，我开始分享股份，把忠诚的合作伙伴吸纳为股东，把优秀的员工变为股东，把优质的客户变成股东……看到与自己一起打拼的合作伙伴赚到钱，看到跟随自己的员工过上了好日子，对我来说，比自己赚到钱更快乐。

因为懂得分享，巨海这个“蛋糕”越做越大，受益的人越来越多。有句名言：“穷则独善其身，达则兼济天下。”我更进一步认为：穷的时候，要兼善身边的人，富了之后，则更要兼济天下。

生命的喜悦在于传道分享，分享学习，分享思想，分享财富，分享成功……分享让人生更喜悦、更有价值，更具影响力。

【悟道】人类的伟大在于懂得分享

乐于分享是人类特有的美德，在人类发展伊始，分享让分工合作成为可能，那个时候我们的祖先在捕猎时一部分人看守营地，一部分人可以很放心地出去打猎，而战利品会被带回来和大家分享。

分享分为两种：一种是物质，一种是精神。佛家讲，色不异空，空不异色，色即是空，空即是色。“色”指的就是物质，物质中最重要的核心就是金钱，“空”指的是精神，这句话讲的就是物质跟精神的辩证关系。一个人真正要想取得大的成功，就是要物质跟精神都得到分享。

一个人看了一本书，上了一堂课，把学到的好的东西跟别人分享，这是一种情怀。一个企业家愿意跟别人分钱、分名、分利、分舞台，这是一种胸怀。

分享是一种格局，是一种情怀，人类的伟大在于懂得分享。

● 分享产生活力

巴西人索姆拥有一块麦地，地的中央有一口天然泉井。井里的泉水清澈甘甜，周围的居民都乐于来这里取用。索姆视泉井为天赐之物，每天精心地清理维护。看着乡邻们开心地来打水，他的心里像喝了蜂蜜般甜。

后来索姆老了，他高薪雇用了贝洛斯来清理泉井。一开始，贝洛斯干得很卖力。可不久后，他觉得自己的劳动成果被别人无偿地享用，心里很不是滋味。他越想越生气，于是在井旁竖起了一块纸牌，上面写着：“私人泉井，不得擅自取水。”

半年过后，再也没有人来泉井取水了，贝洛斯亦无须经常清理泉井，他高兴极了。听说了这些，索姆找到贝洛斯说：“既然再没有人来取水，我也就再不用雇你清洁泉井了。”贝洛斯愣住了，疑惑地问：“可泉井还在呀，况且它的水也依旧清甜甘怡，为何就不用看守呢？”

索姆摇了摇头：“无人取用的井，迟早会干枯，哪还用得着看护呢。”贝洛斯无奈地失了业。几年后，贝洛斯再到泉井处，看到那里已是杂草丛生，井里的水又臭又脏。他懊悔不已，这才明白，将泉井中的水与人分享，才是保全它的最好方式。

不仅泉井如此，我们每个人心中也有一泓泉，只有自愿将它的甘甜与人分享，同时也深谙这些分享其实是在滋润自己，这泓心灵之泉才能永保清甜，永不干涸。

在中国的演讲界，曾经有四位红遍大江南北、了不起的大人物，他们是李燕杰、刘吉、彭清一和曲啸。

我一心要在演讲界做出好的成绩，当然不能忽略要向几位老前辈学习。每次去北京，我都会去拜访恩师。老人过生日，无论多忙多远，我都会亲自去祝寿。许多重要的活动，我总会隆重邀请至少一位中国演讲家登台演讲。

我的付出，深深地感动他们。正如李燕杰教授说的：“我们不学海滩上的砂石，相互撞击，而要像天空中的星斗，互相照耀。”

2011 年,我提出创办“世界华人演说家俱乐部”的想法,立即得到了李燕杰教授、彭清一教授、刘吉教授三位中国演讲家的大力支持，并欣然答应担任“世界华人演说家俱乐部”的总顾问。

2011 年 9 月 24 日至 26 日，世界华人演说家俱乐部成立后的第一场活动——“演说家 · 论道”盛典在上海举办。我邀请了三位中国演讲家李燕杰教授、刘吉教授和彭清一教授共同出席，同台演讲，为千名企业家传播智慧、塑造灵魂，在上海刮起了一股“演说风”！培训业界和媒体如此评价这次论坛——

这次“演说家·论道”论坛开创了中国演讲业的新高度!

这是一次史无前例的论坛!

这是一次中国企业培训界最高规格的精神大餐!

是什么让演说界有了这样的盛举，是分享，分享产生活力，让一切成为可能。

越分享越富有

在一次内部董事会上，当讨论到公司持股问题时，李嘉诚说:“我们的公司可以拿 11% 的股份，也有权拿 10% 的，但是，最挣钱的应该是持 9%。”后来，果然如李嘉诚所说，公司持股虽少，却财源广进。

这世界上挣了钱的有两种人，一种是“精明人”，一种是“聪明人”。

精明人竭泽而渔，企业第一次挣了 100 万，80% 归自己，然后他的手下受到沉重打击，结果第二次挣回来的就只有 80 万。

聪明人放水养鱼，他第一次挣了 100 万，分出 80% 给手下人，结果，大家一起努力，第二次挣回来的就是 1000 万。即使他这次把 90% 分给大家，自己拿到的也足有 100 万。等到第三次的时候，大家打下的江山可能就是 1 个亿，再往后就是 10 个亿。这就叫多赢。

独赢会使所有的人越赢越少，多赢会使所有的人越赢越多。所以，“精明人”挣小钱，“聪明人”赚大钱。“精明”与“聪明”，一字之差，相差何止千里。

白居易曾经说过：“乐人之乐，人亦乐其乐；忧人之忧，人亦忧其忧。”说的正是分享的道理。智慧需要分享，财富需要分享，快乐需要分享，任何东西，越分享越富有，越分享越丰盛。钱越分越多，市场蛋糕越分越大，智慧越分享越丰盛，快乐越分享越多。懂得分享让我们拥有更多。

刘氏家业是兄弟四人共同创造的，他们不分彼此，亲情高于利益，被外界誉为刘家的“言行美好”。

1992 年后，刘氏兄弟逐步实现多元化扩张，其产业被划分为三个领域：老大刘永言向高科技领域进军；老三陈育新（即刘永美，从小过继给陈家）负责现有产业运转，并且开拓房地产；老四刘永好跟随二哥到各地发展分公司，建饲料场。同时，兄弟四人平均划分资产，各占25%股份。一直以来，四兄弟之间分工明确，配合默契，大家对自身利益都很少关注，在股权、控制权等方面都相互谦让。

随着时间流逝，共同的平台已无法承载各自的人生舞台。1997年，希望集团分为大陆、东方、华西、南方四个二级实业公司，分别由刘永言、刘永行、陈育新、刘永好负责。当时外界盛传“刘氏兄弟闹分家了”“希望集团起内讧了”等等说法，四兄弟却众口一词：“我们分的只是产业发展方向和管理区域。”

后来，四兄弟的“分家”逐渐成形，老大刘永言进军高科技，老二刘永行投资金融、乳业、房地产等多个领域，老三陈育新除了把老基地的饲料产业继续做强做大外，也先后进入房地产、零售、观光农业、能源化工等领域。四兄弟分别按照自身的特长和价值取向找到了适合自己的发展领域，并在自己的领域都取得了不错的成绩。

刘氏兄弟对于刘氏家族财富没有人想独占，而是相互之间懂得分享，越分享刘氏家族的财富累积得越多。

在20世纪80年代，日本学者酒井邦恭和关山博曾提出“企业分家”理论：当企业发展到一定的规模时，企业发展的速度和灵活性会受到影响。这时企业如果“裂变”成几个小企业，并朝不同的方向发展，将能重新焕发活力。希望集团刘氏兄弟的“分家”之路恰好证实了这一理论。

只有分享，才能和谐；

只有分享，才能共赢；

只有分享，才能共荣。

学习是智慧的升华，分享是生命的伟大！

● 越分享越喜悦

生命缘何而喜悦？缘于拼搏之后的功成名就？散尽还复来的万贯家财？还是劫后逢生的幸福安康？每个人都有不同的答案，也正因如此生命才各有各的精彩。于我而言，生命的喜悦在于传道分享，将自己所学所感所悟，传至千里，影响、改变、成就、造福大江南北更多的生命。一边学习精进，一边传道分享，何尝不是一种喜悦，不是一种爱？受益获救之人，一手接爱一手传爱，合掌之时，尽显普度众生之心，正如我第 6238 号弟子、四川状元堂董事长邬才蓉女士。

2014 年 8 月，四川省成都状元堂教育咨询有限公司董事长邬才蓉走进了我“一语定乾坤”总裁研讨会现场，邬才蓉坦言，来巨海学习，并不是无意之举，她一直很想进入大学学习，大概应了我的那句话——渴望是拥有的开始，正是因为这样深深的渴望，才让她在机缘巧合之下，坚定地走进了巨海。她从来没想过有一天自己也能够站在光芒四射的讲台上激扬文字、挥斥方遒，而巨海激起了她的这一梦想。

有了梦想，有了平台，邬才蓉愈发的努力，学习公众演说时，她付出了比别人多几倍的时间和精力，50多岁的她深深地明白，成长是随时随地的，不能因为年龄的限制就给自己找借口。所以，无论我的课程何时在何处举办，她都会义无反顾地赶到课程现场。

就这样，通过在巨海的不断学习和努力，邬才蓉取得了人生中一个又一个的奇迹——2014年9月，在进入巨海学习一个月后，邬才蓉去一所学校进行公益演讲，成为该校讲师；后来她受邀成为多所大学客座教授，并颁发了客座教授证书；2014年12月，她顺利考过了全国企业家导师证；2015年4月29日，她又被评为四川省“十大魅力女川商”。

受益于巨海，邬才蓉决定帮助身边更多的人去成长、蜕变。于是，她为自己一家三口报名了巨海“演说家弟子班秘训”的课程。不仅如此，她还不断地感召身边的人走进巨海。一个人改变自己叫自救，一个人普度众生叫救人。邬才蓉通过在巨海的学习，于众人传道分享，用自己的方式持续着她的慈善与公益，更用她全部的人生在诠释——生命的喜悦在于传道分享。

赠人玫瑰，手有余香，一份快乐如果乘以十三亿，就是更大的快乐。一份悲伤如果除以十三亿,就是渺小的悲伤。这就是分享的真谛！分享是一种神奇的东西，它使快乐增大，它使悲伤减少。生命的喜悦在于传道分享，并且越分享越喜悦。我感知到了，邬才蓉也感知到了，因此，我们致力于将传道分享当作生命之喜悦，影响、改变、造福身边的每一个人。

● 与你的分享胜过独自的拥有

一次，亲戚送来两筐桃子，一筐是刚刚成熟的，一筐是已经完全熟透马上就会腐烂的。父亲问："选择怎样的吃法，才能不浪费一个桃子？"

大儿子说："当然是先吃熟透了的，这些放不过 3 天的。""可等你吃完这些后，另外的那一筐也要开始烂了。"父亲显然不大满意大儿子的建议。

二儿子想了想说："应该吃刚好熟了的那一筐，拣好的吃呗！""如果这样，熟透的那筐桃子不是白白浪费了吗？你不觉得可惜吗？"父亲把目光转向了小儿子："你有什么好办法吗？"

小儿子微微思索了一下道："我们最好把这些桃子混在一起，然后分给邻居们一些，这样就不会浪费一个桃子了。"父亲听了，满意地笑了："不错，这的确是个好办法，那就按你的想法去做吧。"

54 年后，这个选择把桃子分给邻居的孩子当选为联合国秘书长，他的名字叫潘基文，在就职演讲中，他说："我当选这个职务，不是为了个人名誉，也不是争夺个人利益，当选联合国秘书长就意味着责任和奉献。我希望在我的任期内，让全世界的人民，不分种族、性别、国籍，都能过上幸福和平的生活。”

潘基文曾在不同场合说起桃子的故事，只有那些被用于分享的桃子才会永久保鲜，分享滋润了别人，同时也丰盛了他自己，这是他要传达给世界的一种理念。

我非常喜欢这句话：与人分享胜过独自拥有，一个人吃饭，哪怕吃的是山珍海味，吃到嘴里的仍旧是无限的寂寞，跟朋友、家人一起吃饭，哪怕是最平常的家常便饭，可吃到嘴里的是欢乐。与人分享的过程是快乐的，它能带给你出乎意料的收获。

很多人说，我已经懂得了分享的意义，并乐于与人分享，可当下面几种情况发生的时候，你是否会动摇呢？

你辛苦付出所得，你是否乐于分享？

很多人对于自己拥有的东西不懂得珍惜，他们很容易拿出来与别人分享。如果是自己流血流汗、冒着极大风险付出辛苦所得，你是否还乐于分享呢？

你的分享成果不受重视，你是否仍旧乐于分享？

当把自己视若珍宝的成果拿出来与别人分享的时候，别人却不屑一顾，甚至弃之如敝屣，这个时候，你是否仍旧乐于拿出自己的成果与别人分享呢？

当对方不知感恩的时候，你是否仍旧乐于分享？

当你与别人分享自己的辛苦所得，别人却丝毫不知感恩，认为你的分享是理所当然，甚至怀疑你的分享背后有藏私，这个时候，你是否仍旧肯与他分享自己的辛苦所得呢？

生命的喜悦在于传道分享，分享让我们拥有更多，更能让我们的内心无比丰盛，因此，任何东西都不能阻碍我们的分享体验。

【践行】分钱分权分责任

一个企业要想做大，就要做到“三分”，分钱分权分责任，也就是让企业的每个人都能承担相应的责任、拥有相对应的权利、获得相应的利益，即做到责、权、利的对等。有些老板为眼前利益所迷，只做到了分权分责任，却做不到分钱；有些老板担心大权旁落，他们分钱，却难以做到分权分责任，这些企业都很难做大做久。有分的胸怀，有分的魄力，才会有更多人来追随你，你会成就很多人，自然会有更多的人来成就你。

● 把优秀的人才变成股东

我有这样一个观点，一个企业所有的问题都是人的问题，所有人的问题都是教育的问题，而所有教育的问题都是爱的问题。我们常说，人对了，事就对了，就是这个意思，企业发展不大是人的问题，企业发展不顺还是人的问题，很多时候，找到对的人，一切问题都解决了。而所有人的问题都是教育的问题，一个员工进入公司半年内犯错，原因在员工身上，如果一个员工进入公司三五年还在犯错，那就是公司的教育问题了。

所有教育的问题都是爱的问题，可能是对员工的关注不够，可能是对员工的培养不够等等。所有爱的问题都是舍不得的问题，很多父母就是砸锅卖铁、省吃俭用也要供孩子读书，为什么？因为他们爱自己的孩子，所以他们舍得付出，舍得花钱，真正的爱就是舍得。只要舍得了，一切都会改变。

领袖们都有这样的共识："财散人聚，人聚财散"，如果你将财富一味地攥在自己的手里，那么，将没有人跟随你，人们将离开你。而如果你将财富分散给其他人，那这些人就会聚集在你的身边。

美国石油大亨保罗·盖蒂，年轻时家境不好，守着一大片收成很差的旱田，却在挖水井时，有时能挖出黑浓的液体，后来才知道是石油。于是水井变油井，旱田变油田，他雇工开采起石油来。保罗·盖蒂没事便到各油井去巡视，每次都能看到不少问题，浪费的现象随处可见，工人的积极性很差……他找工头谈话，向工人施压，加强监督和规范……各种招数都用了，可一切仍旧如故。

保罗·盖蒂百思不得其解：存在的问题这么明显，我根据问题制定了策略，为什么就是没有效果呢。后来，保罗·盖蒂遇到一位大师，大师说了一句话，彻底解决了保罗·盖蒂的烦恼，大师说："那是你自己的油田，不是大家的油田。"

听了这句话，保罗·盖蒂立刻醒悟了，他招来工头，向他们宣布："从今天以后，油井交给各位负责经营，收益的25%由各位分配。"之后，所有问题都消失不见了，浪费的问题没有了，工人的积极性大大提高了。再后来，保罗·盖蒂在一波又一波的兼并浪潮中没有被收购，反而购并了其他一些经营不善的油井，形成了自己的石油帝国。

保罗·盖蒂的成功秘诀是什么？他把"我的油田"变为"大家的油田"，他舍得了25%的收益，收获了所有员工的心，这就是舍得的魅力。保罗·盖蒂的案例也告诉我们，为了让对方为你努力、更为自己努力，你必须付出一定的代价。这也就是为什么很多老板自以为是地叫嚣着"你在为自己工作"，而员工根本听不进去，因为他们并没有得到实惠。这就需要老板们做出表示，让员工们真正感觉到"我在为自己工作"。

没有一个人是傻子！早在两百年前，亚当·斯密在其大名鼎鼎的《国富论》中写道："每个人都在力图应用他的资本，来使其产品能得到最大的价值。一般地说，他并不企图增进公共福利，也不知道他所增进的公共福利为多少。他所追求的仅仅是他个人的安乐，仅仅是他个人的利益。在这样做时，有一只看不见的手引导他去促进一种目标，而这种目标绝不是他所追求的东西。由于追逐自己的利益，他经常促进了社会利益，其效果要比他真正想促进社会利益时所得到的效果大。”

所有人为企业工作有一个共同的追求，叫作我们一起来分钱，我们口头上说着大家一起来干活，最终还是我们一起来分钱，干活只是个过程，结果还是要分钱。巨海公司凭什么能快速成长，我对我下面的所有人就说了三个字“合伙人”，跟“合伙人”三个字一起落实的是我送你股份。你来巨海公司不是打工，你来巨海公司是跟我合作，跟巨海合作，你投入时间精力，巨海投入品牌、投入办公环境，提供发展平台，所以我们在一起是合作，所有来巨海的人都是我们的合伙人，你是股东，你的所有付出都是在为你自己打工。

所以，我们的领袖们，不要苍白而无力地跟下属强调“你是在为你自己工作”了，这话没人信，你只需将股份交到他的手里，他自然会忠诚地聚集到你的身边，全身心地投入到你的事业上去。

● 把优质的顾客变成合伙人

什么是企业的根本？是人才。巨海是如何将人才吸引过来的呢？

2012 年 2 月，刘育良正式加盟巨海，担任巨海集团首席讲师、巨海集团副总裁。做出这个决定，对于刘育良来说，着实不易！

把事业的重心放在巨海。是什么促使他做出了改变自己人生方向的这一决定的呢？

“成杰老师投入了自己所有的积蓄甚至透支信用卡创建巨海，艰苦奋斗，度过重重困难，终于发展起来了，有钱了。可他没有像大多数私营企业主一样为自己买豪宅豪车，而是给优秀员工送手机、送名表，给有功劳的管理层送股份、送名车，甚至帮助他们出书、出光碟，给了大家满满的成就感！这还不够，成杰老师还耗费大量的金钱、精力和时间，去做慈善事业。他自己还在上海租房住的时候，就捐建了第一所希望小学！”

刘育良说，最让他震惊的不是巨海的成长速度，而是我的做事方法，“成杰老师心中有大爱，他懂得礼遇别人，帮助别人，很会为别人着想”。

怎样“团结人，做大事”呢？那就是要懂得分享：第一是分钱；第二是分权；第三是分责任；第四，还要分舞台分荣誉。

分享让生命更伟大。经营人心的秘诀就是分享。

我从来不认为巨海是我的，我只是在搭建一个舞台，把优秀的人才变成股东，把优秀的客户变成股东，把优秀的合作伙伴变成股东，让这个舞台成就更多人。正是因为我的“分享”态度，让很多人才汇聚到了巨海。

● 小老板做事，大老板做人，伟大领袖做梦

作为企业的领导人，有个九字真经：“团结人，干大事，成大业”。成功来自于支持，支持的前提是你懂得团结人。如果优秀的人才都能为你所用，超级优秀的人才会为你服务，你的企业就可以做大。

小老板做事，大老板做人。卓越的领导人，不仅限于自身的优秀，而在于培养多少优秀的人才，用好比自己还厉害的人物。人才来自于培养，人物来自于用好。多少老板干了很多年还是孤家寡人，做不大企业，核心关键就在于他们没有培养人才，没有用好比自己厉害的人物。

在这方面，刘备和刘邦做得很好，刘备带兵打仗不如关羽、张飞、赵云，出谋划策不如诸葛亮、庞统，但是他可以把这些人才“为我所用”。刘邦出谋划策不如张良，后勤保障不如萧何，带兵打仗不如韩信，他却懂得用好这些人物。

“垃圾是放错位置的人才”，虽说千人千面，但企业领导者只要抓住每个人的特性进行适当的培训和安排，每个人都能成为某一领域的人才，对他们进行培养并重用，这些人才将以超乎你想象的成绩回报你。

在《史记·陈丞相世家》中，平曰：“陛下精兵孰与楚？”上曰：“不能过。”平曰：“陛下将用兵有能过韩信者乎？”刘邦很坦白地说，我的精兵比不过项羽，我的用兵才能比不过韩信。

可在楚汉相争的危急时刻，项羽去挖墙脚，让韩信反汉投楚，并开出条件，我给你三分之一的天下。结果，韩信一口拒绝了，他说："我跟着项王，我的话没人听，我的计谋没人用。跟了汉王后，他对我言听计从，让我有机会率领千军万马，所以我才有今天的成就。汉王如此亲近、信任我，我死也不会背叛他的。"这就是分权分责任的魅力，它让手下深切地感受到了被需要、被重视，这些是用多少金钱和权力都换不来的。

早在 1945 年，号称"经营之神"的松下幸之助就提出："公司要发挥全体员工的勤奋精神"，并不断向员工灌输所谓"全员经营""群智经营"的思想。松下幸之助在公司建立提案奖金制度，不惜重金在全体员工中征集建设性意见。

虽然公司每年颁发的奖金数额巨大，但正如公司劳工关系处处长所指出的："以金额来说，这种提案奖金制度每年所节省的钱超过给员工所发奖金的 13 倍以上。"正是因为松下公司充分认识到群体力量的重要，并在经营过程中处处体现这一思想，所以松下公司的每一个员工都把工厂视为自己的家，把自己看作工厂的主人。纵使公司不公开提倡，各类提案仍会源源而来，员工随时随地——在家里、在火车上，甚至在厕所里，都会思索提案。

在松下全体员工的共同努力下，松下公司不但从一个小作坊发展成世界上最大的家用电器公司，而且成为电子信息产业的大型跨国公司，其产品品种之多，市场范围之广，成长速度之快和经营效率之高都令人惊叹！

美国奥美广告公司的总裁大卫·奥格尔维有个习惯：每次一有新的经理上任，他都要送他们一件礼品——俄罗斯套娃。这件礼品意味隽永。大娃娃里有个中娃娃，中娃娃里有个小娃娃，小娃娃里有一张字条："如果我们每一个人都雇用比我们自己小的人，我们公司就会变成一个矮人国，侏儒成群。但是如果我们每个人都雇用比我们自己高大的人，我们就能成为巨人公司。"在知识经济时代，领袖的工作就是用人，并且要敢于和善于使用比自己强的人。

马云就是这样一个伟大的领袖，他不懂电脑，他会的只有收发电子邮件和浏览网页，可偏偏是他创办了阿里巴巴，书写了互联网的神话，成为人人敬仰的 IT 英雄，网络精英，他是怎么做到的呢？用比自己强的人。

每个人身上都有一张证，就是身份证，每一个顶尖的人士都有一个共同的追求，那就是身份感，身份感就是荣誉感、归属感、安全感。而伟大的领袖通过分权分责任给了这些顶尖人士身份感，这让他们可以更加安心地工作，更愿意全身心付出，达到自我管理和自我实现。

小老板做事，大老板做人，伟大领袖呢？做梦。任正非 1998 年退伍转业，拿着 5 万元钱去深圳创办华为，只有 5 万元钱的启动资金，面临无数强大的对手，于是任正非跟他的核心高管在一起开会，开完会之后他意犹未尽，跟高管们说："你们十年后干什么，十年后的梦想是什么？"

所有的人讲完之后，任正非说：“以后买房子客厅可以小一点，卧室可以小一点，卫生间可以小一点，但是阳台一定要大一点！”在场人就纳闷：为什么阳台一定要大一点呢？

任正非说道：“因为十年后你们都没有事干了，在没有事干的时候就把钱拿到阳台上晒一晒！”

今天中国最赚钱的民营公司是华为。据官方数据显示，华为 2014 年做了 2882 亿元，华为发工资时顺带发了一点奖金，只是 151 亿而已。华为员工工资在中国民营企业当中排名第一。华为 2015 年销售收入 3900 亿元，这就意味着，华为 2015 年的销售收入，已经超越了世界上 100 多个国家的 GDP！

老板做人的一个前提就是要赋予下属梦想，这样的老板能够得到更多人的甘心追随。

● 致天下之治者在人才，成天下之才者在教化

美国著名外交家亨利·基辛格说过一句话：“领袖的任务就是带领人们从所在之处到达他们从未到达之处。他做了一个远大的决策，树立了一个宏大的愿景，他还要把他的决策和愿景一一分享给他人，让他人了解到他所做的事业有多么伟大。因此他选择了一条捷径，那就是通过‘传道分享’去教育他们。”

对于每个人来说，成长永远比成功重要。假如你今天中了500万元，是靠运气，靠碰巧，靠偶然，买房买车后，这500万就没有了。如果你通过努力，有了赚到500万的能力，这500万不小心丢了，或被小偷偷走了，没关系，你拥有的是创造500万的能力，很快，你就能再有500万。一个领导如果能教给你创造500万的能力，那么所有人都会蜂拥而至，并且誓死追随。

所以，授人以鱼不如授人以渔，21世纪的老板要成为老师，过去的老板送给别人鱼吃，21世纪的老板是教给他钓鱼的本领。这样，他会一辈子感谢你教给他钓鱼的本领。一个人改变自己叫自救，影响众生叫救人；一个人吃饱喝足叫自救，一个人能让更多的人过上幸福的生活，富裕的生活，就在救人；一个人能够成长叫自救，一个人能够带动更多的人成长这就是在救人。你拯救了众生，你就是众生的师父，众生就会向你靠拢。

一个企业所有的问题都是人的问题。产品做不好，谁的问题？销售做不好，谁的问题？生产质量有问题，谁的问题？管理有问题，服务有问题，都是谁的问题？人的问题！简单来讲，一个企业所有问题都是人的问题。所有人的问题都是教育的问题。老板是忙于人还是忙于事？老板是把时间放在人上还是事上？老板要学会教化自己的员工，一个不会教育下属的领导，充其量就是一个监工。

领导者分为两种类型，第一种叫执行型，他的行动力很强，把事情交给他，他会不折不扣地完成。可是你会发现执行型的人虽然做事情很能干，五年、八年、十年之后这种人还是光杆司令，还是孤家寡人。这样的领导者，忠诚度很高，执行力很强，但是他不会交流，不会带人，不会复制人才。

第二种叫作复制型，这种人在做事情的同时还在培养人。事情做完了，人才也培养出来了，三五年以后他会把自己这一棵树变成一片森林。企业喜欢一棵“人才树”，还是喜欢一片“人才森林”？当然是森林，所以，在企业中，复制型领导人更加受欢迎。

通用电气前 CEO 杰克·韦尔奇说：“我的成就将取决于我的继任者在未来 20 年里将公司发展得如何。把我这样的老家伙剔除出去，他们才能做好自己的事。”他上任的第一件事就是培养自己的接班人。他就是典型的复制型领导。

培养人才很重要，但光培养人才是不够的，领导者还需要建立起一套人才的机制，让所有进入企业的人，三个月后会自动成长为人才。

在巨海，就有这样的人才机制，叫作巨海总经理商学院，或者叫作企业家讲师团。我之前打造 18 战将，现在正在打造巨海 108 将，不管是之前的巨海 18 战将还是现在的巨海 108 将，这一切不仅仅是忙着培养人才，也是在建立一套出人才的机制。为什么？因为一个人的能力是有限的，而系统的力量是无限的。一个人可以把一棵树变成一片森林，而一个自动运转的系统可以把一滴水变成一片汪洋大海。

【觉醒】建立共创共享的机制

分享是一种情怀，乐于分享的人，思想达到了一定的境界；分享是一种格局，懂得分享的人，心胸必然开阔。伟大领袖乐于分享，他们不会局限于一时一刻、一次两次的分享，而是建立起共创共享的机制，让身处机制之中的每个人都能无时无刻分享到成功的果实。

1993 年，在中科院的支持下，联想获得了 35% 的公司分红权，这些分红权怎么处理呢？拿到分红权后，柳传志没有把钱提出来给大家，而是放在公司里继续滚动。他做了一件事，把公司骨干召集到一起制定了一个分配方案，根据职务、工龄、功劳等考核指标打分，最后确定了公司里所有正式员工的分数。整个分配方案通过很顺利，一方面原则定得比较清楚，另外，有柳传志以身作则，最重要的，当时大家并没有真正意识到它的价值所在。谁也没去想，等到了 2001 年，当时的社会大环境逐渐成熟，柳传志用此前 5 年分红积累的 1.6 亿元购买了联想 35% 的国有股权，联想员工一夜之间成为企业的所有者。柳传志先人一步的在联想推行了员工持股计划、高管股权激励计划，这些为联想的快速发展奠定了基础。

柳传志说："对一些民营企业来说，企业创办到一定程度要想继续做大做强，有两种做法，一种当然是自己接着做，一种是请职业经理人，如果老板心胸宽广，当职业经理人跟企业老板的价值观相同，并且德才兼备，最好把他变成企业合伙人，从而让他感觉到地位与身份的不同。"

2011 年 11 月 2 日，柳传志从公司 CEO 位置上退了下来，联想集团由杨元庆接任成为联想集团董事长兼 CEO。上台之前，在柳传志的支持下，杨元庆买入了联想 8% 的股份，价值几十个亿，他一跃成为联想第二大股东。柳传志说："这我就放心了，我就可以放心地去做我应该做的别的事情，杨元庆真的是带着他的团队以主人的心态在设计战略，在带领队伍。"

员工持股计划（Employee Stock Option Plan，简称 ESOP）是指通过让员工持有本公司股票和期权而使其获得激励的一种长期绩效奖励计划。员工持股计划兴起于 20 世纪 50 年代的美国（其中又以福特公司为代表）。员工持股计划是一种完善公司治理结构，增强员工的劳动积极性和企业的凝聚力的有效手段，近来越来越受到企业界的关注。当企业发展到一定阶段的时候，企业老板一定要建立起共创共享思维，通过共享股权，将骨干人才转化成企业的主人，这是企业可持续发展的必然路径。

触动行动

请列出你乐于拿出来与别人分享的是什么

第6大法门

生命的价值在于普度众生

生命的意义等于帮助。

人立于世，逐金钱之盈满，居广厦之高，皆非生命价值，生命价值在于普度众生；普度众生，在于断众生烦恼。

弘扬学说，教化世人；著书立传、传道授业；止兵休戈、爱国忧民；救死扶伤、救苦救难；乐善好施，助人为乐……皆为普度众生。

普度众生，不在于权高位重，富甲四方；不在于身份卑微，家徒四壁，而在于菩提心、慈悲心、智慧心，在于心系众生、博爱众生、度化众生。

愿诸众生永具安乐，愿诸众生永无烦恼，愿以博大之心，以一切利行，为生民立命，为众生立心，为万世开太平。愿一颗精诚之心，利他助人，尽毕生之力，还众生一世祥和。

普度众生，以布施为本，所施者皆众生。佛陀云：所有一切众生，我皆令入无余涅槃而灭度之。无限众生，凡有生命，皆度之，此大悲心。以大悲心对待万物，即为慈悲。普度众生即为爱众生。“无我”为普度众生的至高境界，我的一切皆来自众生，愿他人恶行皆熟集于我，愿一切善，皆结果于他人。

佛曰："人人皆可成佛"，愿诸从众生中来，庄严自我，做慈悲事，行忍辱法，发柔软心。普度众生，需地藏菩萨"地狱不空，誓不成佛"之决心，需玄奘法师"宁向西天一步死，不愿东土一步生"之恒心。

普度众生，得天地正道，得人生智慧，是为修圣人道，必得大善果。

以佛心为我心，以佛行为我行。普度众生，帮助、影响和成就更多的生命！

【缘起】佛教2500年生生不息的秘密

为什么佛教能2500年生生不息，释迦牟尼为什么能成为佛祖？

我想最主要的原因是：释迦牟尼在创办佛教的那一刻，只有一个发心，那就是普度众生，让更多的人离苦得乐。

伟大领袖毛主席为什么可以革命成功？为什么小米加步枪可以打败老蒋的飞机大炮和坦克？为什么毛主席能够创办新中国？因为毛主席一直传递一种思想，那就是——为人民服务。凭借着这句话，新中国在满目疮痍中站立、发展、崛起，直到今天，“为人民服务”五个字仍旧释放着耀眼的光芒，在各个领域，体现着它不可估量的价值。

孙中山先生有一句影响深远的话，叫“天下为公”。四个字被雕刻在中山陵的一方石额上，孙中山做的所有事都不是为自己，而是为天下苍生，凭借着这四个字，一无所有的他，振臂一挥，应者云集，进而推翻了根深蒂固的满清政府，建立起了民主共和。

“为人民服务”“天下为公”，毛主席和孙中山的发心都是普度众生，他们做的每一件事情都是利众利他的。这种发心使他们成为有影响力的人，成为一个内圣而外王的人。

【悟道】人类崇高的追求是奉献

美国心理学之父威廉·詹姆士说过:“人类本质中最殷切的需求是渴望被肯定。”心理学家马斯洛的需求层次理论指出:人的需求遵循生理需求、安全需求、情感和归属的需求、尊重需求、自我实现需求的递增规律,其中尊重需求可分为内部尊重和外部尊重,内部尊重指的是人的自尊,外部尊重指的是一个人希望有地位、有威信,受到别人的尊重、信赖和高度评价。而从尊重需求到自我实现需求的实现,都可以通过帮助别人、影响别人、成就别人来实现,都可以通过贡献自己的能量改变社会现实来达成。

● 发自内心地帮助人、影响人和成就人

耶稣说:“在你们中间,谁愿为首,就必做众人的仆人。因为人子来,并不是要受人的服侍,乃是要服侍人,并且要舍命,做多人的赎价。”

耶稣为“领袖”两字做了注释,领袖所要做的不是让自己有多耀眼、有多崇高,而是要学习如何去成全他人、如何去帮助他人。

有些领导者对“领导”一词的理解是,在公司占据一个显眼的位置,头上顶着无数光环,坐在老板椅上指导别人、教育别人。但是,《圣经》告诉我们,真正的权柄来自于神赐,

而神偏爱谦卑的人，偏爱愿意牺牲、愿意背起十字架跟从主的人。真正的领导力来自于牺牲自己，真正的影响力来自于帮助别人。

耶稣凭什么建立了无敌于天下的王国，就凭借这种为众生服务的思想，他说，要想成为人们的主人，先学会成为人们的仆人，这让耶稣无敌于天下。

领导人普度众生，就是发自内心地成就人，他需要做到三点：帮助人、影响人、成就人。帮助人，就是帮助别人解决困难。影响人，就是树立榜样，让人改变自我，不断成长。成就人，就是帮助别人实现愿望。

对领导人来说，成就的人越多，事业就会越大，成就就会越大。人与人在一起最佳的状态就是成就与被成就的关系，彼此成就，成就彼此。

● 对人类最大的贡献就是成为精神领袖

普度众生的核心在于无私贡献。这里的贡献可以分为四个层级：

第一层是对于家人、家庭、家族、家乡的贡献。我的故事被写进了学校校史、乡镇党史、西昌政协发行的《西昌文史》一书，或许是我对家乡有一点小小的贡献。这一层的贡献可以赋予我们权威、社会地位。

第二层是对公司、团队的贡献。帮助公司员工实现买车、买房的梦想，帮助他们找到人生奋斗的方向，这就是对公司、团队的贡献，这一层的贡献会吸引更多人追随你、信任你。

第三层是对社会、国家、民族的贡献。巨海将以每年捐建至少 1 所巨海希望小学的进度，完成捐建 101 所巨海希望小学的宏伟蓝图，并感召 9999 位企业家参与这份大爱的事业。我的这份规划就是出于对社会、国家、民族的考虑。

第四层是对世界、对人类的贡献。对人类最高的贡献就是成为人类的精神领袖，只有成为人类的精神领袖，成为他人学习的榜样和楷模，才能持续不断帮助人、影响人和成就人！

印度有一位圣母，不是神化的圣母，而是真实活在印度人民心中，用尽一生来爱印度人民的圣母——修女特蕾莎。

特蕾莎修女没有任何功名，也没有任何爵位，更没有任何官位，也没有做过什么惊天动地的大事，“我做不了伟大的事业，但我可以用伟大的爱去做小事情”，就是在这种信念下，她拣回那些奄奄一息的病人、被遗弃的婴儿、垂死的老人，然后到处去找吃的喂他们，找药给他们治病，求医生来帮助他们。

在这个世界上，古往今来有不少富豪，对穷苦人慷慨解囊，有不少慈善家，开办了许多孤儿院养老院……与他们相比，特蕾莎修女不是富豪，因为她没有留给自己一分钱，甚至她不去挣钱，不去募款；她也不是一般的慈善家，因为她的目的，不是仅仅为穷人和鳏寡孤独者提供衣食住处，不是仅仅为病人和遭灾难者提供医疗服务，而是要在这一切之中，一切之外，给这些人带来爱心，让他们感到自己有尊严、被人爱！

为此，她愿意向这些人下跪；她立志要服侍穷人，所以自己先变成了穷人；她放弃了安适的修女和教师生活，穿上穷人的衣服，一头扎进贫民窟、难民营和各种各样的传染病人之中，五十年如一日；她的追随者们为了让服侍的对象觉得有尊严，也以她为榜样，过着穷人的生活，以便成为穷人的朋友。这种远远超过一般慈善事业的宗旨，体现在她的这句话中："除了贫穷和饥饿，世界上最大的问题是孤独和冷漠……孤独也是一种饥饿，是期待温暖爱心的饥饿。"

特蕾莎修女的事迹告诉我们，世界上最大的力量，不是政权、学问与金钱，而是爱，那遍布宇宙、藏于心灵却又被假象遮挡的爱。现在整个社会都表现得很浮躁，信仰的缺失是一个普遍的问题。什么是信仰,有的人认为是宗教，其实，信仰应该是源于宗教又超越宗教的真理、智慧、慈悲和爱！

人生的价值在于付出，在于给予，而不是在于索取。一个索取的人不会成功，一个付出的人不会贫穷。当你发自内心地帮助人、影响人、成就人，发自内心地爱人的时候，你的能量是十分巨大的。

【践行】普度众生不仅是简单的做慈善

慈善是心灵的旅行，滋润你我的心田。很多人把普度众生等同于慈善，其实普度众生的本质在于慈悲。慈悲比慈善厉害一百倍。

佛偈里，菩萨的任务就是普度众生，像观世音菩萨一样，大慈大悲，救苦救难。菩萨用心，皆以慈悲为本，以利他为先。慈悲心是大乘菩提心，《大智度论》说："慈悲是佛道之根本"，慈爱众生并给予快乐，称为慈；同感其苦，怜悯众生，并拔除其苦，称为悲。菩萨心以慈悲为本，这里的心是柔软的，是善良的。

● 慈善不在于钱而在于心

当听说我要建 101 所巨海希望小学的时候，有一个企业家问我：你的目的是什么？我说没有目的。他不相信，笑笑说："那你可真是功德无量啊。"我的目的是什么呢？如果非要说的话，那就是想要帮助更多的人。这与金钱、名誉都没有任何关系。

2007 年 2 月 16 日，刚刚卸任的联合国秘书长安南，在得克萨斯州的一个庄园里举行了一场慈善晚宴，旨在为非洲贫困儿童募捐。应邀参加晚宴的都是富商和社会名流。在晚宴将要开始的时候，一位老妇人领着一个小女孩来到了庄园的入口处，小女孩手里捧着一个看上去很精致的瓷罐。

守在庄园入口处的保安安东尼拦住了这一老一小：“欢迎你们，请出示请柬，谢谢。”

“请柬，对不起，我们没有。”老妇人说。

“很抱歉，除了工作人员，没有请柬的人不能进去。”安东尼说。

“为什么？这里不是举行慈善晚宴吗？我们是来表示我们的心意的，难道不可以吗？”老妇人的表情很严肃，“可爱的小露西，从电视上知道了这里要为非洲的孩子们举行慈善活动，她很想为那些可怜的孩子做点事，决定把自己储钱罐里所有的钱都拿出来，我可以不进去，真的不能让她进去吗？”

“是的，这里将要举行一场慈善晚宴，应邀参加的都是很重要的人士，他们将为非洲的孩子慷慨解囊。很高兴你们带着爱心来到这里，但是，我想这场合不适合你们进去。”安东尼解释说。

“叔叔，慈善不在于钱，而在于心，对吗？”一直没有说话的小女孩露西问安东尼。她的话让安东尼愣住了。“我知道受到邀请的人会拿出很多钱，我没有那么多，但这是我所有的钱啊，如果我真的不能进去，请帮我把这个带进去吧！”小女孩露西说完，将手中的储钱罐递给安东尼。

安东尼不知道是接还是不接，正在他不知所措的时候，突然有人说：“不用了，孩子，你说得对，慈善捐的不是钱，是心，你可以进去，所有有爱心的人都可以进去。”说话的是一位老头，他拿出一份请柬递给安东尼，“我可以带她进去吗？”

安东尼接过请柬，打开一看，忙向老头敬了个礼：“当然可以了，沃伦·巴菲特先生。”

结果，当天慈善晚宴的主角不是倡议者安南，不是捐出 300 万美元的巴菲特，而是仅仅捐出 30 美元零 25 美分的小露西，她赢得了最多最热烈的掌声。而晚宴的主题标语也变成了这样一句话：慈善不在于钱，而在于心。

爱心不分贫富，不以金钱的数量来衡量。奉献爱心，只要是尽自己所能，就是义举。善良的心是不分高低贵贱的。只要怀有真诚的慈善，你的心灵就是高贵的。慈善的核心在于发心，如果发心纯正，如果你是想帮助别人，钱只是一种形式而已。

很多人认为，有钱才能做慈善，而我不管有钱或没钱都在坚持做慈善。在没有结婚、没有买房的情况下，我已经捐建了第一所希望小学。在培训界，这样的情况恐怕也只有我一个人。是什么促使我把个人利益置之度外呢？因为在无数个梦回故乡的晚上，我都会想起小时上学所遇到的每一幕：

我小时候，因为父亲身体不好，常年 365 天，每天都要吃药，我继续读书，家庭负担更重，只得无奈辍学了。那种因为家庭而无奈退学的情绪让我无时无刻不难受着，我暗下决心一定要帮助别人解决无书读的困难，这就是我建希望小学的所有目的。

2010 年 5 月，我们前往四川大凉山实地考察，被孩子们朴实的笑容和渴望知识的眼神深深打动，当我看到孩子们在满是泥泞的操场上兴高采烈地玩着一个瘪气的篮球时，我的眼睛湿润了！

2010 年 7 月 14 日，我代表上海巨海企业管理顾问有限公司携手山西百圆裤业连锁经营股份有限公司共同捐建“西昌市巨海百圆希望小学”，当日正式签订捐赠协议。2011 年 6 月 12 日，该小学竣工剪彩使用，当看到孩子们安静地坐在明亮的教室里看书，快乐地在宽敞的操场上踢球，我觉得这一切是最美的画面。西昌巨海百圆希望小学是我人生慈善旅途的一个起点，一切都在计划中顺利进行，而我的人生也在这个过程中逐步圆满。

● 钱是普度众生的种子

巴菲特来中国办慈善晚宴，邀请了马云。马云经过激烈的思想斗争之后，临开场前一个小时，他应邀出席慈善晚宴。以下是对话：

巴菲特：“马克（马云的英文名），这次我们来，时机很好啊，中国已经是世界富豪最多的国家了，该放点血了吧。”

马云：“恕我直言，沃伦。你这次来得真不是时候，也找错了码头。”

巴菲特:“为什么?”

马云:“中国没有到这个阶段，你巴菲特 75 岁才把 360 亿捐出来，你 50 岁为什么不捐呢?”

巴菲特:“我 50 岁没有这个认识啊。”

马云:“对啊，浙江的民营企业家都是 50 岁，没人认识到这个份上。”

巴菲特:“那么以马兄之见，我该如何?”

马云:“你要去劝善最好去日本，要去大阪。”

巴菲特:“很有道理，了然了然，咱们这次只吃饭，不裸捐。”

先不管这个段子的真假，马云一直坚持这样的观点:普度众生不能简单地等于做慈善，更不能简单地捐钱了事。

钱对于人来说，有三种境界:

第一种，钱是命。人们没钱，所以把钱看得像命一样重要，这是缺钱或者没钱，或者缺过钱的人的境界。

第二种，钱是工具。要知道，财富是实现所有梦想的杠杆。比如，今天我要去环游世界，没钱也可以环游世界，但是有钱跟没钱的玩法一定是不一样的。

再比如，李嘉诚的两个儿子李泽楷、李泽钜创业，成功的速度一定比白手起家的人的速度快，因为他们有资本，不需要从零起步。就如同你是从地下室开始爬楼梯，别人直接从十楼坐电梯，你是开拖拉机，别人是开飞机，起点不一样，那么过程肯定也不一样。其中上下分野的关键就在于钱是一个工具，一个实现人生价值的工具，一个实现人生梦想的工具，一个成就别人的工具。

运用得好，钱可以成为普度众生的工具。

1968 年春天，美国有个名叫罗伯·舒乐的博士突发奇想：在加州用玻璃建造一座透明的水晶大教堂，一座人间的伊甸园。

“很好，”著名建筑设计大师菲力普·强生听了他的梦想之后说，“这样一座伊甸园并不是上帝赐予的礼物，而是资金的孩子，至少要耗资 700 万美元，请问，你的钱在哪里？”

“我的钱在别人的口袋里。”舒乐博士坚定地说。当天夜里，舒乐博士在自己寝室的简陋木桌上铺开一张白纸，在上面写上“700 万美元”，然后又写下 10 行字：

1. 寻找 1 笔 700 万美元的捐款；

2. 寻找 7 笔 100 万美元的捐款；

3. 寻找 14 笔 50 万美元的捐款；

4. 寻找 28 笔 25 万美元的捐款；

5. 寻找 70 笔 10 万美元的捐款；

6. 寻找 100 笔 7 万美元的捐款；

7. 寻找 140 笔 5 万美元的捐款；

8. 寻找 280 笔 2.5 万美元的捐款；

9. 寻找 700 笔 1 万美元的捐款；

10. 卖掉 1 万扇窗户，每扇 700 美元。

60 天后，舒乐博士用水晶大教堂的奇特而美妙的模型和他的精神，打动了一个名叫约翰·可林的富商，可林先生捐出了第一笔 100 万美元。

第 65 天，一对倾听了他演讲的农民夫妇，捐出了第一笔 1000 美元。

90 天时，一位被舒乐孜孜以求精神感动的陌生人，在自己生日的当天给舒乐博士寄出了一张 100 万美元的支票。

8 个月后，一名捐款者对舒乐博士说：“好吧，如果你的诚意与努力能筹划到 600 万美元，最后那 100 万我来支付。”

第二年，舒乐博士以每扇 500 美元的价格请求美国人认购水晶大教堂的窗户，付款的办法为每月 50 美元，10 个月分期付清。6 个月内，1 万多扇窗户全部售出。

……

1980 年 9 月，可容纳 1 万多人的水晶大教堂终于建成了，成为世界建筑史上的一个奇迹和经典。它的最终造价为 2000 万美元，全部是舒乐博士一点一滴筹集而来的。

正如故事中讲到的，寺庙、教堂、学校、医院等都不是上帝的礼物，而是资金的孩子，善用钱这个工具，能让这些成为可能。

第三种，钱是种子。《羊皮卷》中提到了一颗麦粒的三种用途：一颗麦粒可能被装进麻袋，堆在货架上，等着喂猪；也可能被磨成面粉，做成面包；还可能撒在土壤里，让它生长，直到金黄色的麦穗上结出成百上千颗麦粒。钱可以做第三种麦粒，成为种子，埋在地里，带给你 N 倍的回报。

马云说："有钱了，你也不一定就得着急捐出去，可以好好扩大投资，把企业做得更好更大，增加更多的就业机会，让社会的财富滚动起来，等你 60 岁、70 岁的时候再把自己的财富捐出去也不迟。"他的思路就是让钱发挥种子的作用，能赢得更大的回报。

种子的回报有两种，马云所说的是有形的回报，还有一种是无形的回报。宇宙万物一切皆空，唯独因果不空，这里无形的回报指的就是因果。我们捐建希望小学，就是埋下了一颗希望的种子，如果我们用每天抽一条中华烟的投入来帮助一个孩子，给他上学的机会，那么他的命运可能由此而改变！

总记得一段话：一个人的成就，不是以金钱来衡量，而是一生中善待过多少人，被多少人牵挂。生意人的账簿，记录收入与支出，两数相减，便是盈利。人生的账簿，记录爱与被爱，两数相加，就是成就。

我们每一个人都是带着某种神圣使命来到这个世界上的。有的人从未想过要去寻找那个使命，一生浑浑噩噩，碌碌无为，在人世间白白走了一遭，轻轻地来，悄悄地走，不带走一片云彩，也没给世间留下什么，这样的生命，轻于鸿毛。

而有的人，寻寻觅觅，上下求索，找到了人生使命，制定了宏伟目标，并终极一生，去为这个目标努力奋斗，乐此不疲，永不放弃，无论最终他们是否完成了这个使命，他们的生命价值已经积蓄得厚重深远，如一棵大树，又像一座大山，惠及众生，荫及后人。

人生中的每次付出就像山谷当中的喊声，你没有必要期望谁听到，但那延绵悠远的回音，就是生活给你最好的回报。付出总有回报，只是时间和空间的不同而已。

【觉醒】君子固本，本立而道生

著名经济学家成思危说：“商人和企业家的区别在于：商人以获利为目的，千方百计追求利润最大化；企业家则有着强烈的使命感和责任感。企业家越有责任感、使命感，企业的发展越迅速。”

被誉为全球企业家摇篮的美国哈佛大学商学院，在学生入院的第一课上，讲授的就是商业伦理学。商业伦理学不但是哈佛商学院的第一课，也是这些未来企业家们从哈佛课堂上学到的最重要一课，即今后如何出色地服务和回报社会。

“君子固本，本立而道生”，一个经营者和他的企业能否在大众的直视下走远，从根本上取决于其价值观。只有将为社会奉献作为价值标准的人，才会达到一个他人难以企及的思想与成就的高度。优秀企业家的价值观有一个共同的认知，那就是企业发展壮大之后，要为整个社会发展做贡献。

古语有云：积善之家，必有余庆；积不善之家，必有余殃。修善的人家，必然有多的吉庆，作恶的人家，必多祸殃。这里的善和恶往往不是大善和大恶，而是存在于日常生活中的看似微小的小善和小恶，可正是这些小善和小恶累积起来的作用是非常惊人的，它可以直接影响一个人、影响一个家庭，进而影响许多家庭，进一步影响整个社会。

我坚信："生命就是一场感召的过程！人生不在影响别人，就在被别人影响。"我们每个人都应该以影响别人、普度众生作为生命的价值所在。每天起床不妨对自己说三遍以下这句话：我是一个拥有巨大影响力的人，我生命的价值就在于普度众生，帮助人、影响人和成就人！

触动行动

请列出你要做哪些帮助人、影响人和成就人的事

第7大法门

生命的绽放在于内在丰盛

境无好坏，唯心所造；相由心生，情随事迁。

内在丰盛之人，定为有修养之人，有学识之人；定为善良之人，亦为博爱之人。

内在丰盛，需内修学识、思想，外修气质、行为；需日日精进，博览群书，所谓“腹有诗书气自华”。

内在丰盛，在于一颗丰饶的心，至真、至善、至美，在于爱心，自信心，强大的修行心。

内在丰盛，需大爱天下，有大爱之心。人生处处光明，而非阴霾；人生处处温暖，而非寒冷；人生处处喜悦，而非痛苦。

内在丰盛，需一份真心，内含恭敬、平等、谦虚、慈悲、智慧，于无量微尘中，体验法界之大，享受无限光明与法喜。

内在丰盛，需心存感恩，感恩亲朋好友，给我照顾关怀，感恩父母，任劳任怨，育我成长，感恩老师，耳提面命，教我做人……感恩一句赞语，让我奋进，感恩一个拥抱，给我温暖，感恩一个微笑，使我心存美好。

内在丰盛之人，需心存善念，善待一朵花、一棵草，善待阳光、雨露，善待亲人、朋友……

内在丰盛之人，需心怀大梦想，大追求，对社会肩负责任与使命，对他人有帮助有价值。

内在丰盛之人，必有大胸怀，大格局，必有“为天地立心，为生民立命，为往圣继绝学，为万世开太平”的大志向。

内在丰盛，需给予而非索取，给予快乐，便收获快乐，给予温暖，便收获温暖，给予帮助，便收获伟大。

内在丰盛，需放下人我是非，摈弃傲慢与骄纵，耐心修行学习，则必生智慧与福报。

内在丰盛之人，必定为大慈悲、大自在、大勇猛、大无畏之人，其生命随之绽放，如花，花开荼蘼，灼灼其华！

内在丰盛之人，生命有价值与意义，倍加精进，珍惜当下，追求人生大智慧，实现生命精彩。

【缘起】今天我的生命从此不一样

2007年4月某日清晨，我做完101个俯卧撑后，大汗淋漓地坐下来，顺手翻开一本书，书中的一段话吸引了我——

钻石与光线是互补创造精彩的伙伴。你在创建事业前，要先定位好自己，是钻石还是光线？换句话说，你是明星还是经纪人？是千里马还是伯乐？是产品还是经营者？你不可以又做钻石又做光线，又做明星又做经纪人，又做千里马又做伯乐，如果你定位不明确，精彩人生就不可能属于你。你只有从中二选一，才能发挥出生命最大的优势，成就精彩。

那么我呢？我是钻石还是光线？是明星还是经纪人？是讲师，还是管理者、营销者？读到这段文字，我豁然开朗：是该好好定位自己了！

经过一番思考后，我决定要做超级演说家！于是，我从繁杂的管理和营销工作中解脱出来，聚焦在演讲上。做出这个决定的当天，我便制订了一个“对着黄浦江演讲101天的计划”，即持续101天，每天面对黄浦江练习演讲1小时。

为什么要面对黄浦江练习演讲？

因为我坚信：好的演讲是练出来的！因为我向往“大江

东去，浪淘尽，千古风流人物”的豪迈，喜欢“乱石穿空，惊涛拍岸，卷起千堆雪”的气势；另外，我相信大自然是有能量的！在狭小的出租屋面对着镜子演讲和面对滔滔江水演讲，所收获的能量和效果绝对不一样！

我很清楚，我的目标是要做最卓越的演说家，就要做一般人不敢做的事！上海黄浦江边是一个绝好的大舞台，那里有来来往往的游客。站在那里演讲，就仿佛把自己置身于聚光灯下，置身于大庭广众之中，置身于天地寰宇间，置身于浩瀚宇宙中……面对黄浦江练习的不只是演讲，更是胆识、勇气和心智。

我的 101 天计划便开始了——

早上 6 点,做完 101 个俯卧撑,带上一本书,跑步两公里,穿过大街小巷，便来到了黄浦公园、来到外滩，广场上已经有三五成群的游人和一些姿态各异的晨练者了。在江边找到一个最开阔的位置，面对着波光粼粼的江水，清一清嗓子，先练声 10 分钟，再读书 10 分钟，然后便开始演讲。

一边演讲，一边配合手势，我很快便进入了状态，仿佛江上那层层的波浪就是一排排的座椅，在水波上跳跃着的点点阳光正像一个个鼓掌的观众，我的肢体语言越来越丰富大胆，演讲的声音越来越大，越来越高亮，仿佛随着那江水滔滔流向遥远的天际，流向神秘的宇宙……

一开始，我每讲完一段，一回头，发现自己的身后已经站了不少人，远处晨练或步行的人也纷纷停下来，向我的方向“行注目礼”，虽然在讲台上已经“身经百战”，但在这种场合，我的脸还是不自觉地红了，心中如闯进了一只小鹿“咚咚咚咚”跳起了踢踏舞。不过，我只是向众人笑了笑，转过身，深吸一口气，继续演讲……

有好几次，早上一起来，发现外面狂风暴雨，我照样做完俯卧撑便冲进风雨中，一路向黄浦江跑去，跑向外滩，站在外白渡桥上，开始当天的演讲训练，风声、雨声、雷声，演讲声……那真是一种奇妙的感觉！

就这样，一天过去了、一个星期过去了、一个月过去了，我依旧持续不断地练习着，在这个过程中我发现我的演讲越来越自然，越来越自信，表达也越来越自如。在坚持 101 天练习演讲的过程中，7 月 18 日我的一场演讲创造了当时我所在的中国最大培训公司演讲式销售的最高纪录，由此我一战成名，从上海走向了华东，迈向全国。

在那 101 天里，我除了风雨无阻地去黄浦江边练习演讲，还会到各个企业，给企业员工做培训，与不同的企业家交流。每天不是面对黄浦江，就是面对企业家，我的思想与能力飞速进步，演讲功力大增。

不经一番寒彻骨，哪得梅花扑鼻香？ 101 天的苦练，换来了一个脱胎换骨的我，一个被誉为“亚洲顶级实战名师”的超级演说家，一颗璀璨的明星。我的影响力越来越大，演讲功力也越来越深厚……

练习让一切变得更美好！我今天所拥有的演讲能量，都是持续练习和实践的成果！学习获得知识，练习拥有本领，学习和练习让我收获了人生的所有美好。

【悟道】活出生命的精彩，因为我比我想象的更有力量

美国前总统林肯先生曾在一封信中讲述了自己幼时的一件事：

我父亲以较低的价格买下了西雅图的一处农场，地上有很多石头。有一天，母亲建议把石头搬走。父亲说，如果可以搬走的话，原来的农场主早就搬走了，也不会把地卖给我们了。那些石头都是一座座小山头，与大山连着。有一年父亲进城买马，母亲带我们在农场劳动。母亲说："让我们把这些碍事的石头搬走，好吗？"于是我们开始挖那一块块石头，不长时间就搬走了。因为它们并不是父亲想象的小山头，而是一块块孤零零的石块，只要往下挖一尺，就可以把它们晃动。林肯在信的末尾说："有些事人们之所以不去做，只是他们认为不可能。而许多不可能，只存在于人的想象中。"

其实只要敢想，每一个人都可以活得比现在精彩十倍、百倍、千倍，甚至万倍。我们每个人都可以活出生命的精彩，因为我们比自己想象的更有力量。我们每个人其实都是很

平凡的，但是只要我们敢想，敢追求，就可以变得不平凡。

那么，我们应该如何活出生命的精彩呢？途径只有一个，那就是让我们的内在丰盛，再丰盛一点，让我们的思想饱满，再饱满一点。一个人只要不断地让自己的内在变得丰盛，他的生命就会得以绽放，就会与碌碌无为说再见。

● 十年战略看人生

在《野蛮生长》一书中，冯仑提出了这样一个观点：决定成就伟大最根本的力量有两个，时间就是其中之一，时间的长短决定着事情或人取得价值的大小，决定着能否成为伟大。

伟大是靠时间磨出来的。当你要做一件你希望它伟大的事情时，首先要考虑你准备花多少时间。如果是一年，绝对不可能伟大，20 年则有机会。不过，20 年的时间不可能一直顺风顺水，这就需要坚持。

自然界有很多神奇的东西。若你仔细观察竹子，你会发现它在生命的头 4 年时间里，仅仅会长出 3 厘米，但从第五年开始，它将以每天 30 厘米的速度疯狂生长，仅仅六周时间就能长到 15 米。竹子是如何做到的呢？其实，它在生命的前 4 年里，在别人看不到的地下，将根延伸了数百平方米。正是因为有了 4 年的积淀，才有了第 5 年生命的腾飞。

生命的绽放在于内在丰盛，内在丰盛的前提是需要有厚重的沉淀。今天很多人为什么不能成功，因为他们急功近利，急于求成，缺少眼光，无视沉淀的意义。有一幅被选入高考作文题的漫画《挖井》给人们留下了深刻印象，作者描绘了一个拿着铁锹挖井找水的人，他或深或浅地挖了 5 口井，都没有挖到水，其中一个离地下水只有一点点的距离了，可他却放弃了继续挖掘，就认定“这下面没有水，再换个地方挖”，殊不知只要再往下一点点，就能挖到水。

十年战略看人生。企业有战略，国家有战略，人生更应该有战略，我们做每一件事情，不能一天就做出判断，两年就下定结论，我们至少要做出 10 年的规划。我从 2003 年开始做培训，当时我的规划很简单，我要赚钱，我要买房买车，我要成功，我要出书，我要出名。可是到了 2004 年，我没赚到钱，2005 年，我的事业没什么起色。很多人决定做某件事，一年不怎么样，两年不怎么样，三年不怎么样，他们就开始气馁，决定放弃了，而我选择了坚持，结果，到了 2006 年，我赚到的钱是前三年的总和。

十年战略看人生。我们不能急功近利，只看到眼前，而是要看得更长远，唯有如此，我们才会选择坚持，只要有了坚持，曾经的积淀就能释放出超乎想象的能量。

与其为流逝的时光惶恐，不如扎扎实实地抓住分秒。所有成功没有一蹴而就。奇迹，只是努力的另一个名字。从今起，不蹉跎，不虚度，厚积而薄发，像毛竹一样生长！那些即使拼了命去努力也看不到成果或者即使不被人知道也坚持到底的人，当我们看到他们的时候，也许会认为他们很不幸或者觉得他们是傻子，但他们并不是不在成长，而是在扎很深、很结实的根。等到时机成熟，他们会登上别人遥不可及的巅峰。只问耕耘，不问收获的人，离成功最近！

● 我的人生是我说出来的

语言是有能量的。

古语有云，“满招损，谦受益”，谦虚是中华民族的传统美德，谦虚能让我们受益匪浅。对此，我却有不一样的观点：“谦虚，越谦越虚；吹牛，越吹越牛。”

我在这里并不是否定谦虚这种传统美德，而是强调人不能过度谦虚，适当地吹牛能给人一个奋斗的方向。为了最终证明自己不吹牛，必须沿着这个方向而努力，人生的梦想很可能就是这样一个个实现的。

成功都是逼出来的！有时候，我们不妨做一回英雄，成不成功，先吼一嗓子。越是处在人生低谷，我们越要给自己打气！很多成功的人都是靠吹点牛皮给自己壮胆。奇怪的是，“牛皮”吹着吹着，居然都一个个变成了现实。

在亲戚朋友的眼中，钢铁大王卡内基是个吹牛大王。他15岁的时候说，“我长大后，要组建一个公司，赚很多钱给父母买一辆漂亮的马车。”当时跟他同住在贫民窟的人都觉得他疯了。

20 岁的时候卡内基又说："我要赚到足够的钱给家里人换一所大房子。"当时跟他同在路边卖东西的人也觉得他疯了。

30 岁的时候卡内基又说："我要做救世主，让所有的穷人都能够有面包吃。"当时同在一个办公室的十几个同事看着他也觉得他疯了。

可是就是这样一个疯子说出了自己的人生梦想，这些看似遥不可及的目标一直激励着他不断努力，最后他成为世界首富，成为受人敬仰的大慈善家！

生活中，我总能听到周围的人在抱怨："我长相不好……我没有有钱的爸妈……我没有足够的运气……所以，我才不会成功。"这样的人一辈子都在走下坡路，就像他自己说的一样，他越来越不成功。

相反，我也见过不少人，他们每天都会对自己、对别人说："我要成功，我要魅力四射，我要光芒万丈，我要像太阳一样，照耀万物，惠及众生。"最后，他们真的就成功了，他们改变了自己的人生，也改变了周围人的命运，进而改变了更多人的命运。仔细回想一下，你的小学、初中同学中，是不是一直有那么几个爱吹牛的人呢？他们是不是最终都混得很不错呢？

上小学时周恩来就立志："为中华之崛起而读书！"为了兑现这句说出来的话，他舍弃了舒适的家境，走上了革命的道路，一路上经历血雨腥风仍矢志不渝，为中华民族的独立、自由贡献了一生。他的人生道路早在小学时就清晰了。

为什么说出来的话，会影响我们的行动，进而改变我们的人生呢？

心理学上有一种言语暗示的说法。从作用上讲，言语暗示有积极暗示与消极暗示之分。如孩子上床睡觉前，母亲关照他："玩了一天，当心尿床。"果然被母亲说中了。这属于消极的言语暗示。

有个人特别怕下水井的盖子，生怕掉下去。后来心理指导者让他在接近井盖时用"男子汉大丈夫，怎能害怕区区一个井盖"的话语鼓励自己，然后让他在井盖上讲十遍，跳十次，结果这种紧张消失了。这就是积极的自我暗示。

说出来的话，会把意念、思想这些有能量的信息强烈地传达给我们的大脑，而脑电波是有频率的，它的振动会吸引跟它频率相同的东西，这在心理学上被称为吸引力法则。大脑就是这个世界上最强的"磁铁"，会发散出比任何东西都要强的吸力，它会把你大脑中想象的事物吸引过来，你的生活也将变成你心里最经常想象的样子。所谓"心想事成"，原理就在于此。

人生就在我们口中，当身处人生低谷的时候，我们千万不要一味地自怨自艾，不如大胆地说出自己的梦想，畅想自己的未来，只有想不到，没有做不到，想到了，行动了，梦想就能照进现实。

人生是自我成长和自我超越的过程

人生是一个不断自我成长、自我超越的过程，在巨海公司，有着一群因自我内在丰盛而不断绽放的巨海同人，孙蔚便是其中一个。

在到巨海公司之前，孙蔚的生活充满了困惑和惆怅。由于事业的不顺利，家庭的不和谐，她每天过得忧心忡忡，内心极度自卑和迷茫，见人都不敢讲话，更不知道下一步即将要往哪里去！2013 年 12 月 29 日，崭新的一年即将到来，孙蔚就是在这个时候走进我的第 25 期“演说智慧·终极班”课堂的，她说，这将是她一生都不会忘记的日子。在此次三天三夜的“演说智慧·终极班”课程中，她全情投入，将身心灵交给了课堂，一个小时、两个小时……一天、两天……她曾经紧紧封闭的心门慢慢地被打开了。正如我在课程中讲到的：“心像降落伞，打开才有用。”

当天，我邀请她和弟子班学员一同用餐，在沟通交流中，我说道：“你生命中一切的幸与不幸都是你自己吸引和招惹的结果。”就是这句话震撼了她，对她一生产生了深远的影响。

她说：“经过在餐桌上与老师简短的交流，我被老师的魅力和大爱的精神深深地吸引，被老师正直和善良的人格所震撼！我决定要加入巨海公司，加入这个伟大的平台。然而就是这样的一个决定，成为我人生命运的巨大转折点。”

刚跨入到教育培训这个行业，孙蔚什么都不懂，她开始放下身段，学会嘴甜腰软，向每一个优秀的巨海同人请教和学习，虽说巨海同人大多都是“90后”，但是孙蔚觉得他们身上有太多值得她去学习的地方。就这样，孙蔚的每一天都过得充实且踏实，她不断地成长精进，不断地自我修炼和突破。

2014年5月23–25日，“一语定乾坤”研讨会在上海拉开帷幕，孙蔚也参与其中学习，她全身心地投入其中，在所有人都站在桌子和凳子上鼓掌时，她迅速地抢占舞台，跟着我疯狂地鼓掌，浑然忘我。突然一声脆响，孙蔚无力地坐倒在了地上，疼痛让她喘着气，好久说不出话来，她的腿也已经肿得快把裤子撑破了，可是她却依旧坚持上课，直到上午课程结束才去医院检查，为了不耽误课程，她草草打完石膏就离开了医院。

一个星期后，她再次去医院，医生说：“你需要尽快做手术，已经确诊为腿膝盖骨折，可是本院没有床位，你若要做手术要排队排到两个月以后。”听到这话，孙蔚没有怨天尤人，她联系宁夏的医院，回到家乡治疗。她不断地告诉自己：强者不是没有眼泪，而是含着眼泪还依然奔跑的人！

在巨海公司，孙蔚不断沉淀自我，突破自我，严格贯彻一切巨海公司的方针政策。2015年1月1日，在巨海高管会议上，我组织成立了“为爱成交·突击队”，既在 101 天的时间里，每人每天至少要成交一位客户，卖书、卖光碟、卖课程……打电话销售、网络销售、面对面销售……我告诉他们，销售无处不在，无时不在，作为巨海销售战将，要做到随时随地的说服，随时随地的成交，随时随地的帮助人。

巨海的“销售战将们”不畏挫折，不畏风雨，每天都做到成交一位客户。在此活动中，孙蔚更是尽心尽力去执行，她不敢马虎，不敢有半点懈怠，哪怕工作至夜间 12 点，她依然打电话成交客户。她说：“老师的训勉，时刻在耳畔响起，销售无处不在，因为成交顾客才是真正帮助顾客的开始，所以这个行动的背后是因为爱。从一开始我就无比坚信老师所讲的话，更明白他想通过这个活动培养我们的能力，让我们把销售变为一种习惯！”最终孙蔚成为了此次比赛的冠军！

2015 年 4 月 1 日，我的新书《一语定乾坤》正式出版发行，我组织了“《一语定乾坤》为爱成交·挑战赛——8 天销售 10 万册”的比赛活动。“此活动具有以下五点核心意义：第一，创造世界纪录；第二，创造巨海人的传奇故事；第三，这是一本有感觉有魂的书，通过它来帮助、影响、成就和造福更多人的生命；第四，8 天“为爱成交·挑战赛”训练巨海销售战将的销售能力，激发巨海战将的内在潜能；第五，瞬间倍增巨海战将的收入。

在这 8 天的时间里，每天早上 6 点 40 分，孙蔚便第一个来到公司，晚上，她也是最后一个离开。8 天，孙蔚一个水杯，两部手机，三言两语，换来一辆奥迪 A4 汽车！她达成了自己的誓言，实现了自己的承诺，完成了自己的使命，成为销售冠军。在我心中，她就是一个极具巨海魂的人，一个为了信念和使命可以粉身碎骨的人。她不断地践行着巨海的使命，传播着巨海的精神，将巨海人该有的风姿展现得淋漓尽致。

而她却说："不是我有魂，而是巨海是个有魂有梦的地方，成杰老师是巨海的灵魂人物，是我们巨海人内心深处的灵魂所在。魂来自于内心深深的信仰和敬畏，我非常热爱巨海，对老师的敬畏和感恩，对巨海平台的敬畏和感恩，对所有巨海家人的爱，对生活的珍惜，对生命的惜福，我与巨海融为一体，这是专注的力量。当一个人专注时就不会再有害怕和恐惧，专注可以让一个人勇往直前！我想说：我是巨海，巨海是我。"

一直以来，孙蔚把成就巨海事业当作人生的使命。她把巨海和自己的灵魂扭结在一起。在面对使命的时候，她说："来到巨海让我的人生价值不断地提高。为什么经历了那么多行业，那么能吃苦，到最后我非常坚定地选择巨海，因为在这里，我找到了可以改变我人生命运的舞台，让我在这里绽放光彩。人生的终点是既定的，但是，过程的愉悦和路程的风景，是我的选择决定的，来到巨海，我无怨无悔，因为，这才是我的人生。"

来到巨海公司，孙蔚的人生发生了巨大的变化。她无比坚信我当初说过的那句话——你生命中一切的幸与不幸都是你自己吸引和招惹的结果。因此，在面对命运的时候，她摒除了一切抱怨，选择了接纳和尊重。她不断地自我成长和自我超越，并用一颗感恩之心与敬畏之心拥抱世间万物。于是，她绽放了，在巨海的舞台上，也在她生命的舞台上舞出了炫美的人生。

【践行】学习是身心灵的度假

中国有一句古话：相由心生，当你的心变得丰盛的时候，你的面相、你的气质都会发生改变，而促使这种改变的最好途径就是学习，学习是身心灵的度假，学习是最好的心灵美容。

格兰仕的创始人梁庆德 42 岁才开始创业，他只有小学文化，但 27 年来，梁庆德坚持学习，不断超越自我，员工们亲切地称梁庆德是“交通大学”毕业生，因为梁庆德无论在飞机、火车还是汽车上都始终坚持学习，可谓手不释卷，正是有了这种坚持不懈的学习精神，带动了整个企业的学习热情，才使格兰仕一步步走向强大。

新希望集团的总裁刘永好认为“不学习，就死亡”。他把学习视为日常必修课，随身都携带笔和本，把学习到的东西都记下来，并且每年花三分之一的时间与国内外优秀人士交流。

谈到读书，李嘉诚曾说：“我喜欢看书，什么书都看，这对我都有用，今天有用，明天也有用。所以，很多大事来的时候,我也能解决。”李嘉诚习惯睡前看书,看到精彩处，会舍不得放下，继续追看，直到把文章读完才肯关灯休息。

他说：“自言到今天，没有一天不看书，除了小说，文、史、哲、科技、经济方面的书都有读，我从不间断读新科技、新知识的书籍，不致因为不了解新讯息而和时代潮流脱节。”

● 学习是最好的心灵美容

古人云：“腹有诗书气自华”。经常读书可以使自己的性格、思想、涵养、素质、修养等都受到潜移默化的升华。

毕淑敏说：“轻风朗月，水滴石穿，一年几年一辈子几辈子读下去，书就是微波，从内向外震荡着我们的心，精神的分子结构就改变了，成熟了，书的效力就凸显出来了。”读书人与不读书的人的气质是不一样的，读书是一项精神功课，对人有潜移默化的感染，读书人的气质就是由连绵不断的阅读潜移默化养就的。

喜欢读书的人，学历可能不高，但一定有文化修养，他们大都知书达理，处事冷静，善解人意，在为人处世上也会显得从容、得体。有人描述，经常读书的人不会乱说话，言必有据。每一个结论会通过合理的推导得出，而不是人云亦云，信口雌黄。

作为韩国的女富豪，李明熙显得十分低调，她不喜欢在公共场合露面，不喜欢接受媒体采访，不喜欢参加造势活动，也不喜欢谈论自己的公司，对于自己所拥有的资产向来不大在意。

李明熙执掌的韩国新世界曾是韩国三星集团的子公司，1997 年才从三星集团中分离出来。2004 年，其销售额为 597 亿美元。2005 年，新世界在《福布斯》杂志评选的世界 400 强优秀企业中排名 241 位。易买得是新世界 1993 年开始推出的大型超市，是韩国超市第一品牌。

李明熙作为事业有成的女企业家，在韩国公众中影响巨大。李明熙更重视的是现代女企业家内在的涵养，在追求事业进步的同时，她一直没有放弃读书，或许正是读书多，才为她增加了几分迷人气质。在韩国的商界，拥有知识女性气质的李明熙可谓一枝独秀。

在谈到读书时，她曾彬彬有礼地说："最近看书总是肩膀疼痛，因此让别人念给我听，但像加德纳的《热情与品德》这样的优秀著作，我必须亲自阅读。只有这样，才能让自己身心完全投入到里面去。"就这么几句话，让我们看到一个自然本真的李明熙。别看她拥有亿万韩元，但她仍然不忘努力学习，即使累得肩膀疼痛，也要坚持读书，用知识来武装自己。

斯迈尔斯在《自助》中说："人如其所读 (Man is what he read)。"一个人的气质、智慧，还有修养，都是和大量读书分不开的。读书让我们在平常的生活当中发现生存之乐、生活之重与人生之美。

美国前总统罗斯福的夫人曾说："我们必须让我们的青年人养成一种能够阅读好书的习惯，这种习惯是一种宝物，值得双手捧着，看着，别把它丢掉。"如果你每天阅读 15 分钟，这意味着你将一周读半本书，一个月读两本书，一年读大约 20 本书，一生读 1000 或超过 1000 本书。这是一个简单易行的博览群书的办法。而从你心灵深处散发出的魅力也将在读这一本本书的过程中慢慢形成。

● 学历很重要，学习能力更为重要

对于有些没有读过大学的人，他们的思路可能更加不受限制，能更投入地学习、接受新东西，他们的学习能力会更加突出。

"不要等着新知识'推'过来，你要主动去寻找、把它'拉'过来。"对于领导者来说，从书本上获得的知识固然重要，但是，个人的经历可以获得更实用、更有益的经验。因此，没有学历不可怕，关键是自己不要看轻自己。因为一个人在学校里所学的知识毕竟是有限的，有很多知识是在社会这个大课堂所学到的，而且许多真正管用的"生意经"

也是不可能在书本里学到的。

实际上，当今许多富可敌国的超级大亨，真正是高学历的并不是很多。全球闻名的“松下电器”创始人松下幸之助的人生经历是非常坎坷的。他出生时家境贫寒，刚上到小学四年级就不得不离开父母，来到大阪，开始了独立生活的历程。刚到大阪时，松下在一家小店当学徒。

当今世界首富比尔·盖茨，可谓当今尖端技术领域最叱咤风云的人物,他的名义学历也不高,充其量只能算是个“大本”吧，可他所取得的成就却让一个个博士望尘莫及。知识本身不是力量，知识的力量在于使用、在于创新、在于活学活用。知识创新是真正强大的力量,只有知识不断创新，才能使认识不断深化，转化为改造世界的力量。

一个人的体验是有限的，重要的是通过向多数人的体验学习,接受他们的影响,获得多方面能力的培养。也就是说，通过与人交往，从多数人的体验中学习。被称为日本“银座犹太人”的藤田田，为了让下级学会观察和思索别人成败原因，规定每月由公司出钱，选一部最新而富有训练经商头脑的电影，命令全体员工都必须去看，如果无特别的原因而缺席者，便从薪水中扣除一张电影票的钱，他本人也不例外。这种方法使下级获得许多知识。

现在是知识经济时代，企业领导者的知识尤为重要，只有不断地学习，才能在这个时代取得一席之地。学习知识不一定只是看书看报，最重要的是从生活中学习。

首先，可以向下属学习，在日常管理中，每一位下属都有自己的长处，要谦虚地向他们学习。

其次，向能者求教，学会用他们的思维和角度来分析问题，并对比自己的想法，找出和他们之间的差异，了解自己的不足，从而学习更多知识。

最后，学会知识创新。所谓知识创新，即一种利用旧知识，创造新知识，解决新问题的活动。它区别于一般性工作，即那些利用同一知识解决不同问题的活动；更不同于一般性劳动，即那些利用旧知识重复解决同一问题的活动。

终身学习和实践是企业家成功的首要条件。现代的企业家不仅应有资本，还应有知本。知本家 + 资本家 = 企业家。

● 奇迹源于积累，伟大在于持续力

有学生问古希腊大哲学家苏格拉底，怎样才能修到他那般博大精深的学问。苏格拉底听了并未直接作答，只是说："今天我们只学一件最简单也是最容易的事，每个人都把胳膊尽量往前伸，然后再尽量往后甩。"苏格拉底示范了一遍，说："从今天起，每天做 300 下，大家能做到吗？"学生们都笑了，这么简单的事有什么做不到的？

过了一个月，苏格拉底问学生："哪些学生坚持了？"有九成的学生骄傲地举起了手。三个月后仍有一半的学生举起了手，半年后只有少数学生举起了手。一年后，苏格拉底再一次问大家："请告诉我，最简单的甩手动作还有哪几位同学坚持了？"这时，整个教室里，只有一个学生举起了手，这个学生就是后来成为古希腊另一位大哲学家的柏拉图。

"80/20 法则"大家很熟悉，我提出了一个"10/90 法则"，一个人在一个行业前期努力，9 分努力，90 分努力，900 分努力，9000 分努力，90000 分努力可能只有微不足道的一分回报。可是一个人在一个行业干 5 年，干 10 年，干 20 年后，一分的努力都会带来 9 分，90 分，900 分，9000 分，90000 分的回报，这就是积累和持续的力量。

蒙牛的成长速度曾被称为奇迹，在成立最初三年的 1000 余天里，蒙牛"平均一天超越一个同类企业"，5 年增长 200 倍，投资收益率大于 5000%！外界纷纷称奇，蒙牛跑出了火箭的速度！可这速度背后是什么呢？

牛根生曾是伊利集团当时的生产经营副总裁，蒙牛八大创业元老均来自伊利，90% 的中层干部来自伊利，如果没有伊利的多年培养，就没有今天的蒙牛。牛根生说："我们来自行业里优秀的企业，有 20 年的经验积累，在原企业里我承担产品开发、生产销售和广告工作，做起来相对有经验，发挥得也比较好。"

水滴石穿，并非水的力量，而是水的信念和水的坚持。

著名古文《愚公移山》中有："北山愚公长息曰：'汝心之固，固不可彻，曾不若孀妻弱子。虽我之死，有子存焉；子又生孙，孙又生子；子又有子，子又有孙；子子孙孙无穷匮也，而山不加增，何苦而不平？’”

愚公移山是一个流传数千年的故事，从古至今人们津津乐道，是崇尚它蕴含的精神。愚公为了排除险阻，打开通道，率领全家搬走太行、王屋两座大山。这是一件伟大而又艰巨的工程，在有的人看来是难以想象的。但是，愚公坚信山是有限的，而子子孙孙是无限的，以无限对有限，只要坚持下去，就一定能成功。

我是一个遇强则强，遇困难则兴奋的人。遇到强大的对手我会更强，遇到困难，我更容易彰显我的实力。我是一个喜欢挑战的人，所以有困难，有挑战，我就特兴奋，这是我的性格。因此，自从选择了培训行业，当三年过去仍旧揭不开锅的时候，我选择了坚持，当身边的培训公司一个个倒下的时候，我还是在坚持。持续的坚持成就了我，成就了巨海。

坚持，说起来很简单，可真正做起来并不简单。很多时候，坚持是没有选择的选择，因为除了坚持之外，你的任何选择就是放弃你的人生。但是,坚持并不是消极的等待，不是等待好运击中你的脑袋，而是要在坚持中成长，在坚持中超越，最后在坚持中爆发。我在这个城市坚持干两年，不行再说；我在这家公司坚持干两年，如果老板不用我，我就换工作。两年时间，你在坚持，可是你在两年里没有丝毫的成长，老板怎么会用你，你的生活怎么会改观。

不要在坚持中等待，我们要做的是在坚持中成长，每一天都呈现新的模样；在坚持中超越，不断挑战新的自我；在坚持中爆发，实现从丑陋的蛹到美丽蝴蝶的转变，这样我们的坚持才会变得有价值。当把坚持变成成长、精进、突破、自我超越、爆发机会的时候，我们的人生就会实现大爆发。

● 内在丰盛的十大核心

人生是一场不归的旅程，我们穷极一生所追求的不过是各个层面的富足和丰盛，从而绽放我们精彩的人生。当我们的物质生活逐渐富足，我们更要追求的是内在的丰盛。那么，内在丰盛到底是什么呢？所谓内在丰盛，是指一个人对自我的相信、接纳和尊重，对事业的热忱、执着和坚持，对大千世界的关爱、敬畏和感恩。总结起来，内在丰盛有以下十个核心：

一、尊重业力法则，尊重每个人、事、物背后所连接的业力。

二、尊敬父母，懂得如何做才是尊重父母的命运。尊重父母也意味着尊重父母原生家族系统中那些被排除、被遗忘的人的命运。

三、尽量吃素，因为吃素就是放生，也是在身体力行地奉行慈善，支持环保。

四、少看八卦新闻，将时间和注意力投向那些让自己心情感到愉悦、美好的人和事物身上。

五、观照并尊重自己内在的每一份情绪、感受及起心动念。尊重它们的出现,无执无拒。允许它们流经你的生命,也允许你的生命流经它们。

六、尊重每个行业的人，如尊重商家、小贩、农民们的辛苦劳动，不讨价还价。

七、遇到比自己没钱的人，如乞丐，或者比自己有钱的人，如富豪，都能以平等心相待。

八、遇到任何命运不幸的人，能够力所能及地布施他们所需要的帮助，同时也要有平等心，尊重他们的痛苦、尊重他们的命运和业力。

九、尊重智慧，尊重知识产权，尽量不看、不传播那些盗版的、非正式授权的书、刊物、电子物品。

十、回向法界，跟全世界全宇宙分享你的丰盛。

【觉醒】心胸决定格局，格局决定命运

据《桐城县志略》记载：清康熙年间，当时的文华殿大学士、礼部尚书张英在安徽桐城的老家因宅基地问题与邻居发生了争执。当时，张家的府第与吴家相邻，在两家中间，张家留了一个不大的缝隙，吴家盖房想占了张家留的这点隙地，张家不肯，双方发生纠纷，闹到了县衙。

张吴两家都是高官望族，县官谁也不敢得罪，这个事就

愈发的闹个没完。张家人写了封信，将这事告诉了京都的张英，张英阅罢，立即批诗寄回，诗曰："一纸书来只为墙，让他三尺又何妨。万里长城今犹在，不见当年秦始皇。"张家人接到张英的回信，旋即拆让三尺，吴家看到十分感动，也连让出三尺。于是，便形成了一条六尺宽的巷道。张英没有仗势欺人，而是主动退让，他宽大的胸怀，一时传为美谈，被后人广为称颂。这就是六尺巷的故事。

"心宽一尺，路宽一丈"，人生像条河，有急、有缓，有曲、有直；人生不如意十之八九，很多时候，心小了，所有小事就变大了；心大了，所有大事就变小了。心胸决定着格局，而格局决定着命运。

在日常生活中，你有多大的心胸，就有多大格局，命运由此而不同。如果你心心念念的只是完成每天的工作、按时上下班、领到每个月的薪水、养家糊口，那么你将很难在更大的空间展示与成就自己。如果你心心念念的是通过做生意来干一番事业，通过克服一个个难关来完善自我、丰盛自我，那么你就有可能不仅赚很多钱，而且会干一番大事，并且会得到身边的人尊重，收获人生的满足和幸福。

1949 年，一位 24 岁的年轻人充满自信地走进了美国通用汽车公司，应聘做会计工作。当时，通用公司只有一个会计的名额，面试官告诉这个年轻人，竞争这个职位的人非常多，而且，对于一个新手来说，可能很难立即胜任这个职位的工作。但是，这个年轻人根本没有认为这是一个困难，相反，他认为自己完全可以胜任这个职位，更重要的是，他认为自己是一个善于自我激励、自我规划的人，他说自己来应聘的目的就是想成为通用汽车公司董事长。

正是由于年轻人具有自我激励和自我规划的能力，他被录用了！录用这位年轻人的面试官这样对秘书说："我刚刚雇用了一个想成为通用汽车公司董事长的人！"这位年轻人就是罗杰·史密斯，1981 年 1 月，他成功出任通用汽车公司的董事长。

心外世界的大小并不重要，重要的是我们自己的内心世界。一个胸襟宽阔的人，纵然住在一个小小的囚房里，亦能扭转心境，把小囚房变成大千世界；一个心量狭小、不满现实的人，即使住在宽敞无边的庭院里，也会感到事事不能称心如意。所以我们每一个人，不要常常计较环境的好与坏，要注重内心的力量与宽容，不管世间的变化如何，只要我们的内心不为外境所动，则一切荣辱、是非、得失都不能左右我们，心里的世界就是无限宽广的。

鹰击长空，是因为志在蓝天；志存高远，人生才会灿烂辉煌！什么样的心胸决定什么样的人生。凡有大成就者必先有吞天吐月的心胸。短浅的目标与狭小的视野，只会限制你的生活向更大的空间延伸。放长一段目光，你会扩大一片人生舞台。

触动行动

请列出你持续精进、丰盛内在的计划

第 8 大法门

生命的幸福在于用心经营

心乃众智之要。宗师之诞生，乃心之所向。黄金万两而忧其盗，处高位而谋其权，为权为利，明枪暗斗，算计人生，非幸福。

虽家财万贯，而诸事不顺，家人不和，非幸福；虽荣誉等身、富甲天下，而病魔缠身，人命危浅，非幸福。

陋室一间，无锦衣玉食，无车马奴仆，然有亲人相伴，和睦相爱，同甘共苦，用心经营，为幸福。

何为幸福？应有尽有并非真正的幸福，而应无尽无的幸福，才是真正的幸福。

多数人心外求法，极少人心内求道，然世间诸事需心向内求，幸福亦心向内求。

人终其一生追求幸福，幸福于生活起居间，行住坐卧中，起心动念里。或入口珍馐，一身锦绣，居有广厦，出入豪车；或粗茶淡饭，衣着朴实，小屋鄙陋，安步当车；然观照内心、人事，用心经营，活在当下，皆是幸福源泉。

心是人生戏的导演。用心经营国家，则国家昌盛，人民安康；用心经营事业，则事业蒸蒸日上，飞黄腾达；用心经营爱情，则爱情甜蜜幸福；用心经营友情，则友情万古长青。“用心经营”是因，“幸福人生”是果，幸福是自我经营之果报。

世间事，祸福得失难以预料，好坏有无亦非绝对，所谓“祸兮福之所倚，福兮祸之所伏”，用心经营，便可化祸为福，化烦恼为菩提。

少年，苦读诗书，用心经营才学，是幸福；

中年，上孝父母，下亲妻儿，家庭和睦，用心经营家庭、事业，是幸福；

老年，享儿孙绕膝之乐，观日月轮回，无牵无挂，无怨无悔，用心经营暮年，是幸福；

用心经营，需多沟通，多体谅，多包容，多信任，多理解，多支持，如此，生命才能幸福。

人生如棋，需步步为营，筹备策划，用心经营，才能赢得幸福，人生忌怨天尤人，自暴自弃。

用心经营，人生处处春暖花开；用心经营，幸福无处不在。

只要用心，就有可能；只要开始，永远不晚。

【缘起】亿万富翁幸福的秘密

2007 年 9 月的一天，我邂逅了一个叫闫敏的女子，怦然心动的那一刻，我决定为自己“经营”一个好伴侣。那时 25 岁的我已经成为亚洲演讲培训界的一匹黑马，事业如日中天。我是一个把事业看得极重的人，但我深知一个道理：成功的第一大关键是伴侣，因为伴侣天天与自己生活在一起，伴侣对自己人生的影响最大，伴侣决定自己以后的人生是否幸福。你的伴侣每天不在催眠你成功，就正在摧毁你。

我开始有计划地“经营”：请她帮忙修改书稿，约她讨论新书的出版发行，一起打球，与她探讨美好的梦想与未来……终于，有情人终成眷属。可以结束“经营”了吗？当然不是！恰恰相反，经营才刚刚开始，因为我经营的不是一时的爱情，而是一生的幸福。

2008 年 10 月，我和闫敏一起创办巨海公司，我们既是人生的好伴侣又是事业的好搭档，在工作中因为思想观念的冲突，我们争过、吵过。但是，迎难而上，积极解决问题，是我一贯的做事风格。为了更有效地经营好夫妻关系，我们研读了大量两性关系方面的书籍。光读书是不够的，还要上课；光自己上课受益了还不够，更要让更多人经营好夫妻关系，因为“修身、齐家、治国、平天下”，“家和”了，才能“万事兴”。

2013 年 4 月，我们把世界上最著名的两性情感关系大师《男人来自火星，女人来自金星》的作者约翰·格雷，请到了中国演讲，举办了“亿万富翁的幸福密码”的课程，并一起同台演讲。

幸福需要经营。经营爱情，经营婚姻，经营人际关系，经营事业，经营财富，经营内在的丰盛……经营不是钻营，经营是认真、勤奋、用心、努力、负责任、热爱、有激情地做事做人。

理想的幸福人生绝不可能是随波逐流就能得来的，也不是虚无缥缈空想出来的。所有的成功者，都深谙“神于天，圣于地”的道理，既敢于梦想，有一片理想主义的天空，让梦想自由翱翔，又能立足当下，脚踏实地，用心经营。

只要用心，就有可能；只要开始，永远不晚。

【悟道】应有尽有并非真正的幸福，应无尽无才是真正的幸福

不少人，每天在忙于经营企业、经营产品、经营团队、经营人心，却忽略了人一生中最需要的是经营自己的幸福。我很喜欢这句话：成功是人生追寻的旅途，幸福是生命最终的归宿。成功只是一个过程，而幸福才是我们生命中最终

的归宿，我们千万不能因追求成功而错失幸福的机会。

有一次，我拜访中国演讲教育艺术家李燕杰恩师，交流中谈到了幸福，李燕杰教授就问我：“你觉得何为幸福？”我回答：“老师，我觉得幸福就是做自己想做的事，过上自己理想的生活，拥有自己理想的人生、自在的人生，这就叫幸福。”

李燕杰教授说：“很好，太棒了。”得到老师的夸奖，我很高兴，可我看李燕杰教授的神情好似话中有话。于是，我进一步请教：“老师，你对幸福怎么理解呢？”李燕杰教授略一沉吟，对我说：“应有尽有的幸福并非真正的幸福，应无尽无的幸福才是真正的幸福。”李燕杰教授一句话说得我心潮涌动。

什么叫应有尽有的幸福并非真正的幸福呢？有人说，我想买房，我买了房会幸福吗？不一定。我们可以花钱买到房子，但买不到家、买不到爱人。有人说，我想买车，车可以让你快乐一阵子，但是它不会让你幸福，有些骑着自行车的人比开奔驰宝马的人幸福多了。

钱可以买到很多我们想要拥有的东西，但是钱不一定能买到幸福。有些人住在桥洞下、睡在马路边，比睡在亿万豪宅里面的亿万富翁睡得安然自在。一个山区老太太，睡在茅草屋，吃的是野菜，也可以比睡在一张百万的席梦思床上、吃着山珍海味的亿万富豪幸福。幸福跟金钱、跟物质有关，但没有决定的关系。钱是一把双刃剑，用好它可以变成你幸福的源泉，用不好它就会变成你幸福的毒药，它会祸害你的幸福。

应无尽无的幸福指的更多的是心灵的安宁，应该没有的疾病，应该没有的争吵，应该没有的遗憾，当这些应该没有的东西都没有的时候，我们就拥有了真正的幸福。

● 有所作为是幸福的核心要素

有人说，女人的抗衰老药是爱情和自信，男人抗衰老药是权力和财势。不管对于女人还是男人，有所作为都是幸福的第一个重要标准。

人的一生，每天 24 小时里至少有 8 个小时在工作，真正事业成功的人远远超过 8 个小时，甚至超过 12 个小时，那就是人生三分之一甚至一半以上的时间都是在奋斗，都是在工作，工作的成果是对一个人的考验标准，也是他自信、自尊的源泉。

联想创始人柳传志 40 岁开始从零创业，他曾卖过电子表、旱冰鞋，后来做汉卡，再后来创立联想，对于创业之初的艰辛，柳传志认为，那是自己最幸福的一段时光。

在一次采访中，他这样说："虽然过程很艰难，但在追求目标、实现目标的过程中，还是很愉快的。在八几年到九十年代初的时候，实际上是计划经济环境，但要走的实质上是一条社会主义市场经济的路，在这里面，就会有很多束缚，想做的事做不了，人便处于一种苦闷的状态。到了八七年、八八年以后，我给人家做代理，然后了解什么是市场，懂得什么是财务管理，慢慢有了自己的目标，就是想做一个自己的电脑公司。当时的 PC 机，全部都是国外的大品牌，中国人是不可能做的，但我想做中国自己的品牌。当目标越来越明确，为实现这个目标，不管多苦，我都要坚持，因为那是我选的，这个过程，我觉得很幸福。”

唐朝百丈怀海禅师“不作不食”的做法让人感叹。据记载，他每日除了领众修行外，必亲执劳役，勤苦工作，对生活中的自食其力，极其认真，对于平常的琐碎事务，尤不肯假手他人。渐渐的，百丈禅师年纪老了，但他每日仍随众上山担柴、下田种地。弟子们毕竟不忍心让年迈的师父做这种粗重的工作，因此，恳请他不要随众劳动服务，但百丈禅师仍以坚决的口吻说道：“人生在世，若不亲自劳动，岂不成了废人？”

弟子们阻止不了禅师服务的决心，只好将禅师所用的扁担、锄头等工具藏起来，不让他做工。百丈禅师无奈，只好用不吃饭的绝食行为抗议。弟子们十分焦急，问禅师为何不饮不食。百丈怀海禅师道：“既然没有工作，又怎么好吃饭呢？”弟子们没办法，只好将工具又还给他，让他随众生活。百丈怀海禅师的这种“一日不作，一日不食”的精神，至今仍是十方丛林的楷模。

对于百丈怀海禅师来说，辛苦的工作之后吃上一口可口的饭菜，这就是幸福，而静坐着什么都不干，那就失去了生存的意义，日子也就没有幸福可言了。

● 培养子女成才是一种幸福

胡适曾经这样说：“一个人小的时候，最是要紧，将来成就大圣大贤大英豪大豪杰，或者是成就一个大奸大盗小窃偷儿，都在这家庭教育四个字上分别出来。”胡适一语道出了家庭教育对于孩子成才的重要作用。

在美国历史上有两个“声名远播”的家族，分别是爱德华家族与麦克瑟克家族。爱德华家族始祖爱德华是一位治学严谨、成就卓著的哲学家。他非常注重家庭教育，建立起一整套完善的孩子的培养目标和培养模式。在爱德华家族的八代子孙中，培养出了十三个大学校长，一百多位教授，六十多位医生，八十多位文学家，二十多位议员，一位大使，甚至还有一位副总统。

而麦克瑟克家族的始祖却是个酒鬼，常常酗酒，目无法纪，对待家庭教育视而不见，对待子女则疏于教育。家族八代子孙中出现了三百多个流浪汉，七个杀人犯，六十多个诈骗犯、盗窃犯，还有四十多人死于酗酒械斗。

苏联著名教育家苏霍姆林斯基说：“没有时间教育子女，就意味着没有时间做人。”现在每个家庭基本上只有一个孩子，这个孩子承载了一个家庭的全部希望，也承载着社会的未来。孩子教育好了，家庭有了稳固的根基，这个生活的单元——家庭就会充满希望地走向未来；反之，如果孩子没有教育好，两个人就会彻底丧失希望，即便双方的事业再成功，没有一个有希望的后代，一切都黯淡无光。把子女培养成才也是一种幸福，父母双方不论什么理由都不能忽视对子女的教育和培养。

中国的家庭模式中，男主外女主内的居多，现实生活中，很多父亲每天忙于工作，而很少关注孩子的成长，他们也理所当然地认为，带孩子是老人和女人的事儿，这是大错特错的。美国耶鲁大学的科学家最近做的一项研究成果表明：由男性带大的孩子智商高，他们在学校里的成绩往往更好，将来走向社会也更容易。凡与父亲在一起交往机会多的儿童，其智力水平更高，尤其男孩更是如此。

实际上，孩子生长在有父爱的家庭中更快乐，不仅智力水平、运动能力会正常发展，甚至超常发展，而且心理调适能力也很强。这让我们警醒，在每个孩子小小的、单纯的内心世界里，父亲是他们仰望的高山，母亲则是宽广的海洋。父母在家庭教育中各有优势，必须做到阴阳互补、平衡，才能防止出现“阴盛阳衰”的现象，所以在教育孩子时，父母要各司其职、做好分工，力争培养一个健康、快乐、积极向上的孩子，这将成为你未来家庭幸福的源泉。

【践行】生命活着的意义和价值

真相会给我们带来自由和解脱。

常有人说我现在不幸福，等我结婚或买了房子就会幸福了。事实的真相是，幸福的人在哪儿都幸福，不幸福的人在哪儿都不幸福，不会因为你住的是小房子还是大房子，是租来的房子还是买来的房子而改变。所以，我们需要的是用心经营幸福，首先培养出自己的幸福力，那么，不论发生什么，别人都动不了我们的自在喜悦。所以现在的你无论处境如何都要追求幸福，其实追求幸福的过程就是幸福的享受。

● 生命就是关系，关系是互动的结果

《鲁滨孙漂流记》讲的是主人公鲁滨孙漂流到一个荒岛上的故事。没有吃的，没有穿的，没有住的，这些都没有难倒鲁滨孙。但是，远离人群、孤苦一人的绝望却几乎使他崩溃。他急切要同人发生联系，要找朋友，他呼喊着："啊！哪怕有一两个——哪怕只有一个人从这条船上逃出性命，跑到我这儿来呢！也好让我有一个伴侣，有一个同类的人说说话儿，交谈交谈啊。"

在最寂寞的日子里，一只小狗成了他的慰藉。后来他从野人那里救出了"星期五"，再后来又救出了"星期五"的

父亲和一个西班牙人，虽然语言不通，但是在与他们的交往中，鲁滨孙获得了新生。鲁滨孙成了主人，其他人都在他的统治之下，他们组成一个小社会，开辟岛屿，创造了财富。

这个故事说明，人不能离开社会关系而独立存在，人需要交友，需要合群。人们进行社会交往，不仅是为了进行生产，也是为了精神的需要。无论是谁都要交朋友，都想求知音，都想与别人进行语言、思想、感情的交流互动，以求得互相了解、互相关心、互相支持、互相帮助、互相激励。

所谓生命就是由各种各样的关系编织而成的，这些关系是生命的证明，生命的体现，而关系的维护需要的是不断的互动。

作为现代人，我们从早上睁开眼到晚上睡去，每时每刻都离不开与人的互动。家人、朋友、餐厅服务员、同搭一辆地铁的陌生人……我们每时每刻都在不断地与人发生关系。一声问候、一个微笑、一个眼神、一次谈话、一次用餐、一个电话、一条微信……我们每一分钟都离不开与人的互动。

曾经非常流行一句话“过错一时，错过一生”。这句话的意思是说，对我们而言，过错只是一时的过错，而错过却是一生的错过。因此我们要学会珍惜每一段关系，不管你做错什么事情，不管你错得再离谱，也千万不要错过那个你喜欢或者喜欢你的人。无端的错过会带给人一生的遗憾和悲哀。

● 幸福就是我们在一起

2013 年 4 月，我回了一趟四川老家，下了飞机我是先去西昌巨海成杰希望小学看望孩子们，并去了 3 个孩子的家里做了家访，直到傍晚才回到自己的家中。当我推开门进去的时候，妈妈正在客厅看电视。我们聊了一会儿，我就说："妈，我帮你按下背吧。"妈妈说："不用了，今天你走了这么多路，辛苦了。"我仍旧坚持着把手放在妈妈的背上，帮她捶背。

我发现当我把手放在妈妈背上的时候，她嘴巴上虽然一直在说不需要，让我好好休息，但是她的身体在向我倾斜。那个细微的动作，让我感受到，妈妈的内心是非常需要儿子的这份小小的付出的。那一刻，我觉得我很幸福。这件小事让我意识到：幸福可以很简单，就是用心与家人在一起，用心为家人付出。

大哲人蒙田说得好："我们最豪迈光荣的事业乃是生活的写意，其余一切，包括从政、发财、经营产业，充其量只是这一事业的点缀和附庸罢了。"蒙田的这句名言用一句俗话解释就是：工作是为了更好地生活。不能因为忙，就牺牲掉与另一半共浴爱河的美好时光。

今天无数的企业家忙于工作，忙于事业，忙于奋斗，忽略了照顾家人。他们说我要去陪顾客吃饭、K歌、洗脚、洗澡，这样才能签单。可是，他们从没想过，自己为了赚钱失去了家人，那么，赚了那么多钱又有什么用呢？他们赚钱的目的不就是让家人过上更幸福的生活吗！

男人在为家庭打拼事业的同时，偶尔也要闲下来想一想，自己的妻子真正需要的到底是大把的钞票，还是温馨的港湾。其实，大部分的女人只在乎温饱不愁即可，男人如果能在情人节陪她们重走恋爱时的那条路，比空投过来一大束玫瑰，更能让人感觉温暖和被重视。

李开复说过这样一句话："人生一共有四道试题，题目是：学业、事业、婚姻和家庭。平均分高才能及格，切莫花太多的时间和精力在一个题目上。生命的幸福在于用心经营，成功人士首先要做到的就是平衡自己的时间和精力，不能顾此失彼。"

白岩松主持新闻节目，一向是以睿智、深刻、严肃的形象出现在观众的视野中，但是谁能想到，他在工作之余的爱好之一竟然就是陪妻子逛街。面对旁人的质疑，白岩松解释："在逛街中，能训练自己不迷失，不盲从，不冲动，不浪费，抓住际遇，才能得到想要的东西。当然这种寻觅惊喜的过程，如果能陪着妻子休闲娱乐，那岂不是更加锦上添花吗？"

陪伴是最长情的告白，相守是最温暖的承诺。"幸福专家"于丹在《百家讲坛》曾经如此呼号："别把日子过成省略号！”她认为，人生错过太多酸甜苦辣，生活就变成了一页页撕下来的日历，单薄、脆弱，而且毫无意义。人生有很多东西都是不能等的，天伦之乐不能等，健康生活不能等，夫妻之欢更是不能等。

最后她告诫我们：“一个人外在可以有一个非常紧张的节奏去工作，内在却可以有一个非常从容的节奏去生活，内在和外在的节奏是可以保持平衡的。”也许有人觉得平衡生活、工作、家庭与健康是一件很难的事情，但实际上，用于丹的话来说，这是再简单不过的事了。她说自己是一个当着大学教授的女人，走上讲台，她传授给学生专业的知识；回到家里，她是一个懂得与老公互动，会给老公写情书的女人。

● 珍惜时光，倍增生活的美意

时间会在不知不觉的时候溜走，而当你觉醒时，已经晚了。时间弥足珍贵，我们不能绝对地延长寿命，但可以通过善用时间的好习惯，来相对地将生命延长。这样就等于增加了生活的“密度”，扩充了有限的生命内涵，扩大了我们的幸福尺度。

意大利建筑师安德烈亚·帕拉第奥是利用时间的楷模，他从来不浪费一秒钟的时间，只要时间允许，他就一定会在拼命工作。每天，他把大量的时间用在设计和研究上，除此之外他还负责很多方面的事务。有人问他："为什么你的时间总是显得不够用呢？"他笑着说："因为我要管的事情太多了！"

后来，一位学者见他整天忙得晕头转向的，但仍然没有取得令人骄傲的成绩，便语重心长地对他说："人大可不必那样忙！"

"人大可不必那样忙！"这句话给了他很大的启发，就在他听到这句话的一瞬间他醒悟了。他发现自己虽然整天都在忙，但所做的真正有价值的事实在是太少了！这样做对实现自己的目标不但没有帮助，反而限制了自己的发展。

从睡梦中惊醒的他除去了那些偏离主方向的分力，把时间用在更有价值的事情上。很快，他的一部传世之作《建筑四书》问世了。该书至今仍被许多建筑师们奉为"圣经"。他的成功只是因为那一句话："人大可不必那样忙！"

人大可不必那样忙，成功人士大多懂得合理分配时间和精力，他们总会有时间完成工作，又有时间与父母说说话，与孩子尽情地玩耍，与妻子话话家常。

● 成功是人生追寻的旅途，幸福是生命最终的归宿

成功与幸福有很大的区别，赚再多的钱，你是成功的，可并不一定幸福。成功只是一个过程，幸福才是最终的目的。就像爬山，到达山顶，你就成功了，可唯有平安地回来了，

你才能收获幸福。成功是前进的目标，幸福是前进的意义和价值。

幸福是什么？有人说，幸福是夏天清凉的微风，冬天温暖的太阳；有人说，幸福是一个健康的身体，一种平淡的生活，一份快乐的心情；也有人说，幸福就是有人爱，有事做，有期待。而对上海卡夫贸易有限公司总经理丁海燕来说，幸福是家庭的和谐融洽，爱人的温暖怀抱，孩子的孝顺成长，团队的众志成城，事业的发展腾飞，梦想的一一实现。

如今的丁海燕可谓幸福得不像话！可是，在走进巨海之前，她和大多数女企业家一般，有着诸多烦恼，沉寂如水的家庭，嗜好麻将的爱人，叛逆古怪的儿子，迷茫散漫的团队，停滞不前的事业，无处可寻的梦想，……

这一切的一切让丁海燕如鲠在喉，如坐针毡，苦恼与悲伤充斥着她每一天的生活。如何走出困境？2014 年 5 月 23 日，丁海燕抱着将信将疑和抗拒的心态第一次走进了我的课堂。丁海燕说："我从未想过三天两夜的课能帮我解决这所有的问题，但是，就是这三天两夜的"一语定乾坤"研讨会，成杰老师精彩的演讲，他对领导力的剖析，如醍醐灌顶一般让我豁然开朗，我知道了为什么我会有那么多的问题？为什么我面对问题时那么茫然、那么无力？因为，那时候的我心中毫无梦想，因为'小富即安'的心态让我失去了对未来的追求，我成了老师所说的'温水里的青蛙'，当然我也很庆幸在我这只青蛙没有被完全煮熟前来到了巨海。”

领导人所有的问题都是能量的问题，领导人的第一品质就是能量。可想而知，一个没有梦想、没有追求的领导人，她何来能量？丁海燕在我的课堂上找到了问题，她急于要找到解决的方法，最终，她发现学习是唯一可以帮助她迅速改变现状的方法。于是她静下心来，开始跟随我学习。

从“一语定乾坤”到“演说智慧·终极班”；从“为爱成交”到“弟子班秘训”，丁海燕从自卑开始一点点自信，从封闭开始一点点绽放，最重要的是在学习的过程中，她的思想、境界、格局慢慢地提升，她又找到了人生的梦想，当她给员工转训，将自己其中的一个梦想——帮助企业的每一位员工找到梦想并去实现梦想，分享给他们时，团队沸腾了，她瞬间引爆了员工的小宇宙，改变了他们的状态，帮助他们实现业绩倍增。企业也因之突破瓶颈，逐渐走上了正轨。

而巨海公司带给丁海燕的不可思议远不仅如此。距离5月25日最近的课程便是6月6日在杭州的“演说智慧”，丁海燕决定将自己的爱人带到我的课堂。虽然爱人坚决不同意和她一起去上课，但是，丁海燕并未放弃，她晓之以理、动之以情，凭借在“一语定乾坤”课程现场学到的公众演说技巧成功地说服了爱人。

6月6日—8日，三天“演说智慧”的课程，丁海燕的爱人发生了翻天覆地的变化，从曾经的冷冷冰冰毫无情调到现场表白赠送99朵玫瑰，从当初不愿上台到最终成为第

30 期“演说智慧”演讲冠军。这一切的改变让在场的丁海燕瞠目结舌、喜极而泣。一堂课弥补了丁海燕 20 年来的遗憾，而更让丁海燕难以置信的是他爱人接下来的改变。

丁海燕的爱人十分热衷于打牌，可以为了打牌驱车 100 多公里，而自从结缘巨海，走进巨海课堂，不到三个月的时间，他把手机里所有跟打牌有关的电话统统删去。更夸张的是，当他曾经的一个牌友又找到他时，他居然也把他带进了学习的课堂，而且这个牌友今天也彻底放弃了打牌、上 KTV 这些习惯，专心于企业，他就是我的第 3456 号弟子、上海万根缘有限公司董事长范章清。

从过去 20 年未曾完整地看过一本书，到今天每天阅读 1 个多小时；从曾经因为行业不景气一度想放弃，到今天他每天工作 12 个小时还觉得时间不够用。爱人的蜕变让丁海燕叹为观止，也由衷地感谢我和巨海。其实，我们每个人都有无限潜能，就看我们如何去激发它。

如果说爱人的改变让丁海燕喜极而泣，那么孩子的成长便足以让她欣喜若狂了。丁海燕有一个 14 岁的儿子，刚上初一，刚刚进入青春期，有点小叛逆，总是冷冷酷酷拽拽的。为了影响儿子，2014 年 7 月 29 日，丁海燕和爱人将儿子送进了巨海公司的“未来领袖演说班”，8 月 1 日，丁海燕夫妇早早来到了课程现场，他们很想知道儿子在这个课程中的情况。

课间休息时，儿子从外面给他们端去了一盘水果和点心，丁海燕激动不已，她知道自己的儿子在改变。那天，课程结束，儿子号啕大哭，全场哭得最厉害的就是他，连我也被惊到了，便问他怎么了？他说："我舍不得。"丁海燕感激说，正是因为这四天的课程，让一个原本冷冷酷酷拽拽的小男孩变得如此柔软和善良！

2014年9月18日，丁海燕接到了孩子班主任的电话，让她到学校一趟。见了面,老师热情地跟她说:"施一凡妈妈，今天请你来，主要想让你配合一起做件事，在预备班时没看出施一凡有什么过人之处,只是体育很好,但是进入初一，才半个月，我们班的男生基本上都听他的。"

丁海燕心中欣喜不已："哇，这不就是未来领袖吗？"是的，这个小小的未来领袖，因巨海而改变，令丁海燕十分欣喜，也令我十分自豪。

公众演说是建立企业影响力最有效的法门；公众演说是用一个人的力气，做一百人的事情，完成一万倍的利润。学习公众演说不仅让丁海燕的家庭越来越和谐、幸福，公众演说也帮助她打造团队,吸引了人才,让人才为自己所用。

因为跟随我学习公众演说给了丁海燕无穷的自信，她做到了一件她曾经想了很多年，想了无数次都没有完成的事，那就是在行业内举办一次前所未有、震撼无比的招商会。2014年9月16日，这场招商会在巨海团队的协助，在梁汉桥老师的策划下圆满举办，在这场招商会上，丁海燕运用学到的公众演说本领，发表了40分钟的销售演讲，取得 860 万元的业绩。

丁海燕说，业绩确实给了她很大的鼓舞，但比业绩更重要的是，通过这一场活动，她的客户看到了他们公司的实力，2015 年他们公司获得了 3 家世界 500 强企业的产品战略合作。通过这场活动，客户看到了他们公司的未来，坚定了跟他们紧密合作的信心。

生命的幸福在于用心经营，如今丁海燕所拥有的幸福，都是她一步步用心经营所得，她不屈从于现状，努力向上攀缘，像一株凌霄花绽放着属于自己独特的美，拥抱着每一份用心所得的幸福。

【觉醒】全方位的平衡是幸福的命脉

清晨，我们为了生活走出家门；傍晚，我们为了幸福回到家中。没有工作，你的生活将无以为继；没有生活，你的工作将空虚落寞。成功人士一定要懂得平衡工作与生活。

一、工作时间和生活时间分割清楚。

工作时间，专注工作，不在上班时间思考家庭琐事，高效地完成工作任务。工作以外的时间，和家人好好相处，好好休息，不被工作事务纠缠。

二、把家人的利益放在第一位。

与家人共享同一个目标，家人自然会理解和尊重你的工作，不会无端地打扰你的工作。告诉家人你的工作情况、工作目标等，如果需要加班也要及时告知家人，并征得家人同意和谅解，以避免不必要的麻烦。

家人的生命和健康最为重要。比如，家里有人生重病，或需要你帮忙，一定要先放下工作，先去帮忙，千万不要发生“树欲静而风不止，子欲养而亲不待”的悲剧。

三、以正确的态度对待工作。

想明白你工作的意义是什么，关注工作本身的重要性和价值，而不是关注别人是批评还是赞美。你的工作除了给你带来稳定生活的物质基础，还可以获得成就感，以及其他意义。在工作中享受工作，不是工作需要你，而是你需要工作，通过工作、奋斗来获得价值的体现。

触动行动

请写出你经营幸福人生的计划

第9大法门

生命的成长在于日日精进

做事精益求精，做人追求卓越。

“精进”源于佛家“六度”，精神刚毅、意识无畏、行动勤勉，为精进。

《成唯识论》曰精进有三，一曰：披甲精进；二曰：摄善精进；三曰：利乐精进。

披甲精进：如披甲而战，虽千军万马，却心无畏惧，勇往直前；

摄善精进：勤修一切善法而不知倦；

利乐精进：为勤化众生永不疲倦。

“精”为纯一无杂；“进”为勇往直前；既“精”且“进”为精进，如：勤求学、勤做工、勤行善、勤修行……

“勤赌钱、勤作恶，勤害人……”虽“进”而非“精”，并非精进。由此，未生之善心令速生、已生之善心令增长、未生之恶念令不生、已生之恶念令速断，为精进道法。

精进勤劳，是善德，是财富；懈怠放逸，是罪恶，是贫穷。人，若要改命脱贫，必舍弃懒惰，日日精进。易曰“天行健，君子以自强不息”，四季轮换递嬗，星体运转不息，人岂能遁逃于天地？然“止水易生虫，滚石不生苔”旨在告诫，唯“动”，可创无限活力，唯精进不懈，才是安身立命之道。

日日精进，需正念利他，生无量智慧；

日日精进，贵在持之以恒，日进一步，日久可至千里；

日日精进，改变自己，超越自我，成就自我，圆满人生。

古人有言：“吾生也有涯，而知也无涯”，有生之年，日日精进，不虚度光阴，不放逸生命，勤勉修行，方成伟业！

精诚所至，金石亦开；苦思所积，鬼神迹通。

坐而论道，起而践行。领袖都是学问的践行者。

【缘起】学而知不足，不足而知学

可以说，我曾经是一个起点很低的人。一个流水线工人，没有高学历，63 天都找不到工作的流浪者……这一路走来，每一段路程都有一群跟我同样境况的人，为何我会脱颖而出，将那一群同路人远远甩在后面？答案就是：学习！成长！精进！蜕变！

当我还是个工厂小工的时候，为了能够少花钱读更多书，我就在工厂门口摆起了书摊，每天晚上，既是我做买卖赚外快的时间，也是我如饥似渴读书学习的时间。一本《世界上最伟大的推销员》，我卷不离手，读了 N 遍，直到可以倒背如流。

学而知不足，不足而知学，学习成长，日日精进是我的人生主旋律，在我心中：没有最好，只有更好；优秀是不够的，做事精益求精，做人追求卓越。于是，我写了一本超级畅销书，已经连续六次再版，书名就叫《从优秀到卓越》。

【悟道】宇宙万物停止成长就意味着消亡

有位外商问过李嘉诚："李先生，您成功靠什么？"李嘉诚毫不犹豫地回答："靠学习，不断地学习。"不断地学习知识，是李嘉诚成功的奥秘。

人类从诞生之日起，学习就成为整个人类及其每一个个体的一项基本活动。不学习，一个人就无法认识和改造自然，无法认识和适应社会；不学习，人类就不可能有今天的一切进步。

富兰克林说："大部分的人在 25 岁时就死去了，但直到 75 岁才被埋葬。"没有成长的日子等同于死亡。生命的成长在于日日精进，精，指的是精益求精；进，指的是进步进取。做事精益求精，做人追求卓越，代表这个人就在精进，日日精进，时时精进，分分精进，秒秒精进，就代表在不断的成长，这样的人生一定可以迈向卓越辉煌。

● 成长永远比成功更重要

我时刻告诫自己和巨海同人："成长永远比成功更重要。"没有成长的成功是短暂的成功、是碰巧的成功、是偶然的成功，而只有成长的成功才会持久。

成功只是一个结果，成长是一个过程；没有过程，结果不会凭空降临。伟人们大多有共同的特征，比起成功来，他们更重视成长。

苏格拉底坐牢时，听见隔壁牢房里有个新来的犯人在哼歌，那是一首新歌，他以前从未听过。于是，苏格拉底急忙请求唱歌的狱友教他那首新歌。监牢里的人都知道苏格拉底是死囚，行刑日期迫近，听了他的请求，唱歌的囚犯很吃惊：“您不知道自己马上就要被处决了吗？”“我当然知道。”苏格拉底轻松地回答。“那您为什么还要学新歌呢？”狱友不解地问。这位伟人回答说：“这样我死的时候就多会一首歌。”

在这个知识经济时代，每个人都需要学习知识，这就需要我们每个人不满足于自己现有的知识，要时常提醒自己，还有很多比自己优秀的人，因此绝不能停止学习。

万向集团创始人鲁冠球说：“人的一生，从生下来一直到生命停止，整个过程都是学习的过程，人生精彩不精彩，关键看你怎么学。人刚生下来的时候都是无知的，人如果不学习就会永远无知，无知就会做出无耻的事情。我们要活到老，学到老，做到老。我现在天天讲，我有两个‘不够用’，一是感觉时间不够用，二是感觉知识不够用。”

作为中国民营企业家的杰出代表人物，鲁冠球出生在农家，15 岁辍学，从一个普通的锻工做起，却在改革开放的大潮中，将万向打造成了第一家上市的乡镇企业，第一家进入国务院试点企业集团的乡镇企业，第一家拥有国家级技术中心的乡镇企业，他靠的就是生命不息、学习不止的这种魄力。实践无止境，学习也无止境。古人云：吾生也有涯，而知也无涯。当今时代，世界在飞速变化，新情况、新问题层出不穷，知识更新的速度大大加快。人们要适应不断发展变化的客观世界，就必须把学习从单纯的求知变为生活的方式，努力做到活到老、学到老，终身学习。

“如果自己不用心，我会连自己也看不起，我或许达不到自己所定的那个要求，但那个要求一定要存在，哪怕我一辈子也做不到。”我很喜欢刘德华的这句话，真正厉害的人，他会对自己非常苛刻，他不能容忍每一寸时光的虚度，他会拼尽全力追求不断的成长、不断的完善。

学习改变命运，成长才能成功。成功其实就是一个不断学习成长，不断精进超越的过程。

● 每天进步 1% 就是迈向卓越的开始

20 世纪 50 年代第二次世界大战结束后，美国质量管理大师戴明博士应日本企业之邀，多次到日本松下、索尼、本田等企业讲学。戴明博士认为产品品质不仅要符合标准，而且要无止境地每天进步一点点。今天日本企业的产品在世界上取得了辉煌成就，他们将功劳归于戴明，甚至颁赠先进企业的奖项也称为“戴明奖”。当时，戴明博士传授的这个最简单的方法就是——“每天进步 1%”。

管理学有一个“蝴蝶效应”。纽约的一场风暴，起因是东京有一只蝴蝶在拍翅膀。翅膀的振动波，正好每一次都被外界不断放大，不断被放大的振动波越过大洋，结果就引发纽约的一场风暴。

每次一点点的放大，最终会带来“翻天覆地”的变化。成功就是每天进步一点点。成功来源于诸多要素的几何叠加。比如：每天笑容比昨天多一点点；每天走路比昨天精神一点点；每天行动比昨天多一点点；每天效率比昨天提高一点点；每天方法比昨天多找一点点。正如数学中 $50\% \times 50\% \times 50\%=12.5\%$，而 $60\% \times 60\% \times 60\%=21.6\%$，每天进步一点点，假以时日，我们的明天与昨天相比将会有天壤之别。

“阿门阿前一棵葡萄树，阿嫩阿嫩绿得刚发芽，蜗牛背着那重重的壳呀，一步一步地往上爬。阿树阿上两只黄鹂鸟，阿喜阿喜哈哈在笑它，葡萄成熟还早得很哪现在上来干什么？阿黄阿黄你呀不要笑，等我爬上它就成熟了！”这首童谣唱出了蜗牛的精进精神。我们每一个人都应该拥有蜗牛的精进精神，不断地攀登自己生命的高峰，每天进步一点点，终有一天，我们可以在无限风光的巅峰俯视和欣赏这个美丽的世界。

“每天进步一点点”，在佛经里叫作“日精进”。佛祖曾经说过一句话：“日精进为德。”这句话意思是我们必须天天努力，日日进步才算有德，否则就是缺德，它在告诫世人要上进，不懈怠。要知道，日日精进方能成为业内的佼佼者，成就一方霸业。反之，不求上进，懒散懈怠，必然被对手和市场淘汰。

● 披甲精进、摄善精进、利乐精进

精进一词来自于佛教的六度：布施、忍辱、持戒、精进、禅定、般若，所谓“度”的意思是“到彼岸”，六度就是从烦恼的此岸度到觉悟的彼岸的六个方法。所谓精进，就是要有不断进取的精神，不满足既有的心理平衡境界，最终必将获得高层次的心理平衡。

我们把精进分为三个层次：披甲精进、摄善精进、利乐精进。

所谓披甲精进，就好像一个战士上战场打仗，全身披上盔甲，就很有状态一样。我们人生的精进就是每天要时刻保持精进的状态。

所谓摄善精进，核心在于天道，在于持续。河流奔流不息，天地万物自然运转，它们都做到了持续，我们人生精进就像天道有常一样，要持续保持精进的状态。

所谓利乐精进，是指我们以助人为乐、帮助他人、快乐自己为出发准则，来追求精进，这是一种精进的胸怀和高度。

童年的邓亚萍，因为受当时体育教练父亲的影响，立志做一名优秀的运动员。但是她个子矮，手脚粗短，根本不符合体校的要求，体校的大门没能向她敞开。于是，年幼的邓亚萍跟父亲学起了乒乓球，父亲规定她每天在练完体能课后，必须还要做 100 个发球接球的动作。

邓亚萍虽然只有七八岁，但为了能使自己的球技更加熟练，基本功更加扎实，便在自己的腿上绑上了沙袋，而且把木牌换成了铁牌。腿肿了！手掌磨破了！这是家常便饭！但她从不叫苦，不喊累！由于邓亚萍的执着，10 岁的她便在全国少年乒乓球比赛中获得团体和单打两项冠军。

进入国家队后，邓亚萍都是超额完成自己的训练任务，队里规定上午练到 11 点，她就给自己延长到 11 点 45 分，下午训练到 6 点，她就练到 6 点 45 分或 7 点 45 分，封闭训练规定练到晚上 9 点，她练到 11 点多。据教练的统计，很长一段时间，邓亚萍每天都会练习接球打球 1 万多个。长时间从事大运动量、高强度的训练，从颈到脚，邓亚萍身体很多部位都是伤病，但就算是伤口感染，挤出脓血，她也从没有中断过练习。

自 1988 年进入国家队，邓亚萍先后获得 18 次世界冠军头衔；在乒坛世界排名连续 8 年保持第一，成为唯一蝉联奥运会乒乓球金牌的运动员，并获得 4 枚奥运会金牌，是中国获得奥运会金牌最多的运动员之一。

从不间断的练习让邓亚萍不断超越自我，为祖国争光的梦想让她走得越来越远。从她的身上，我们可以看到精进的三个层次。

【践行】爱自己最好的方式就是成长自己

“未来的文盲不再是不识字的人，而是没有学会学习的人。”这是美国学者阿尔文·托夫勒在 20 世纪 90 年代的名言。并已经被迅速发展的事实所证实，也逐渐被越来越多的人们所接受。面对以几何速度不断更新的信息洪流，一个希望获得成功的人，应该具备的素质不再是他掌握了多少知识，而是他能否用最短的时间，最高的效率，学习最新知识的能力。

作家弗里德曼在《世界是平的》一书中说：“如果你希望自己和孩子有竞争力——不管你是 SOHO 族还是企业员工，至少要具备以下四点中的一点：非常特殊、非常专业、非常勤奋，或非常会调适。这是给你的良心建议——这年头不可能再有终身雇佣了，只有终身受雇了。未来，我们很难靠学历来取得终身受雇的机会，但却可以靠培养‘终身受雇的能力’而存活下来。”

● 谦卑是一个人迈向伟大的起点

富兰克林被称为“美国之父”。在谈起成功之道时，他说这一切源于一次拜访。在他年轻的时候，一位老前辈请他到一座低矮的小茅屋中见面。富兰克林来了，他挺起胸膛，大步流星，一进门，“砰”的一声，额头重重地撞在门框上，顿时肿了起来，疼得他哭笑不得。老前辈看到他这副样子，笑了笑说：“很疼吧？你知道吗？这是你今天最大的收获。一个人要想洞察世事，练达人情，就必须时刻记住低头。”

富兰克林把这次拜访当成一次悟道，他牢牢记住了老前辈的教导，把谦卑列为他一生的生活准则，作为一种处世态度。

印度奥修大师说过：“当你懂得谦卑的时候，一切存在的事物都会成为你的老师。如果佛在你身边，你们之间却没能建立亲密的关系，那么是因为你不懂得谦卑。”在 20 世纪 80 年代后期，日本三菱综合研究所评选出自明治维新后长达一百年的时间里日本前一百强企业，最后得出一个结果：企业经营者的姿态决定了企业的寿命。经营者傲慢的态度，是企业走向破产的罪魁祸首。

据说有一次徐悲鸿正在画展上评议作品，一位乡下老农上前对他说：“先生您这幅画里的鸭子画错了。您画的是麻鸭，雌麻鸭尾巴哪有那么长的？”原来徐悲鸿展出的《写东坡春江水暖诗意》，画中麻鸭的尾羽长且卷曲如环。老农告诉徐悲鸿，雄麻鸭羽毛鲜艳，有的尾巴卷曲；雌麻鸭毛为麻褐色，尾巴是很短的。徐悲鸿接受了批评，并向老农表示深深的谢意。

要想自己的能力日益精进，就要以谦卑的态度对待一切。水往低处流，知识和经验也是如此。如果一个人不懂得谦卑、不懂得低调，那么他将失去进一步学习的机会。

傲慢的人之所以得不到长久的发展，就是因为他们自己放弃了学习的机会。

否定自我是成就自我的开始

法国牧师纳德·兰塞姆去世后，安葬在圣保罗大教堂，墓碑上工工整整地镌刻着他的手迹："假如时光可以倒流，世界上将有一半的人可以成为伟人。"一位智者来瞻仰兰塞姆之墓，这样解读他的手迹："如果每个人都能把反省提前几十年，便有 50%的人可能让自己成为一名了不起的人。"他们的这些言论，实质上阐述的都是反省之于人生的重要意义。

孔子说："见贤思齐焉，见不贤而内自省也。""自省"就是通过自我意识来省察自己言行的过程，进而完善自我、超越自我，其目的正如朱熹所说："日省其身，有则改之，无则加勉。"

一个肯于超越自我的人，一定要具有自我否定精神，就是要勇于认错。每个人都会有错误和缺点，有了错误，主动接受批评和自我批评，认真反省自身缺点，从而不断改进自己、升华自己。反省是心灵镜鉴的拂拭，是精神的洗濯。反省的过程就是一个人心智不断提高的过程，是一个人心灵不断升华的过程，也是我们对所遵循的标准不断反思和不断提高的过程。

日本“保险行销之神”原一平每天晚上8点进行反省，并将之列入每天的计划，把反省当成每天的工作，最终摘取了日本保险史上“销售之王”的桂冠。

著名的经济学家凯因斯，同时也是华尔街投资公司的高级顾问。他的一生非常成功，年纪轻轻就已经是百万富翁了。当记者问其成功之道时，凯因斯说：“我每天都要反省，看一看今天有什么收获，有什么地方做得不好。凡是没有做好的地方，必须想办法弥补回来。同时，再想一想今天的成绩，用它们来鼓励自己继续努力。同样的方法，每一个月，每一年都要做这样的反省。”著名的心理大师荣格曾经形容，一个人步入中年，就等于是走到了“人生的下午”，这时既可以回顾过去，又可以展望未来。荣格指出，在下午的时候，就应该回头检查早上出发所带的东西，究竟还合不合用？有些东西是不是该丢弃了？理由很简单，因为“我们不能照着上午的计划来过下午的人生，早晨美好的事物，到了傍晚可能就显得微不足道；早晨的真理，到了傍晚可能就已经变成谎言”。

人生路上，或许你已成功地走过早晨，但是，当你用同样的方式走到下午，却发现生命变得不堪负荷时，这就是该丢东西的时候了。这就好像一个人参加一趟旅行，带了太多的行李上路，在尚未到达目的地之前，就已经把自己弄得筋疲力尽。唯一可行的方法，就是去芜存菁，把那些多余的行李剔除。

没有反省就没有进步。德国诗人海涅说过："反省是一面镜子，它能将我们的错误清清楚楚地照出来，使我们有改正的机会。"人如同一块天然矿石，需要不断地用刀去雕琢，铲去不必要的部分。虽然这个过程有些痛苦，但只有经过细心雕琢后的矿石才能更光彩照人、身价百倍。其实，自我反省就是自我提升。我们可以在反省中清醒，在反省中明辨是非，在反省中变得更加睿智。

● 成长最快速的策略是复制和模仿

沃尔玛的创始人山姆·沃尔顿一生中从未停止过学习。他把一家毫不起眼的杂货零售店发展成了世界最大的零售企业，他的创意却全都来自于"偷师"。在创业初期，沃尔顿便经常光顾竞争对手的店，去了解他们的商品价格和经营策略。他把别人好的创意用到自己的企业中，并且每天都致力于改善企业经营模式。沃尔顿从来不会因为自己偷学别人的做法而感到羞耻或故意隐瞒，他承认打折等营销创意都是从别人那里学来的。

他说："我的很多营销手法都是从别人那里学来的。可能没有人像我这样勤于拜访企业，每次拜访的时候我都会问很多问题，这样能从他们那里学到很多东西。假如沃尔玛沉浸在'全球最大型的超市'这项荣誉中，墨守成规，那它就无法生存到现在。不论什么时候，我们都不应该嘲笑别人的错误，而要虚心学习别人的优点。我们该关心的不是别人的缺点，而是别人的优点，每个人都有自己拿手的‘好戏’。”

对日本人来说，模仿并不是可耻的行为，而是创造中的一个过程。当他们遇到某种先进技术时，他们会先对它进行彻底分析，学习和掌握其中的技术窍门，然后以此作为开发新产品的基石。模仿然后超越成为日本创新的基石。

成长最快速的方法就是模仿与复制，当你身边出现高手的时候，就是你成长最快的时候，因此，你要以高手为师，以高手为友。

● 用我成长的速度，来震撼我所遇到的每个人

在我的课堂中，在我们巨海公司里，我一直宣扬一句话——成长永远比成功更重要，没有成长的成功，是短暂的成功；有了成长的成功，才会持续才会永恒。在我的众多子弟中，有很多为了成长而日日精进的企业家学员，他们在管理企业之余，还跟随我全国各地学习，将所学所感所悟分享给身边的每一个人。其中，宁夏固原福苑实业有限公司总裁白梅就是这样的一个人。

白梅其人，正如她的名字，是一朵饱经风霜、绮丽枝头的白梅花。她没有美丽的外表，没有很高的学历，也没有世俗的浮华，但她铁骨冰心、高风亮节、自强不息、朴实

无华，她有着一颗坚强的心，她是傲立雪中的“一剪白梅”。

白梅的父亲是个厨师，承包了一个面馆。受父亲的影响，白梅从小就非常喜欢厨师行业。她小时候的梦想是：长大以后要当一名大厨！ 1993 年，白梅的父亲患突发性心脏病去世，丢下了还有半年合同的面馆。

为了将面馆经营起来，白梅全身心投入其中，虽然遇见了许多的困难和挑战，但是面馆不错的生意给了她很大的安慰。看着面馆的生意渐渐好起来，白梅打算把店面扩大，为了提高自己的烹饪水平，迎合店面的需求，她还抽空去参加专业系统的厨师培训。学习让她开阔了眼界，提高了烹饪水平，加上对厨师行业的热爱，1998 年，她取得宁夏地区唯一一个高级厨师证。

那年，房东看着白梅店里的生意越做越红火，便收走了她租的房子。她决定自己盖个餐厅，当时白梅的手里没有什么钱，盖房子的钱基本上都是借来的。他的爱人在家里操办盖房子的事情，她就去外面学习。可是，屋漏偏逢连夜雨，当房子快要盖成的时候，城管来了说她家的房子是违法建筑，需要拆掉。

当白梅回来看见家里的房子已经变成了废墟的时候，她流泪了。然而，她与爱人并没有被困难吓倒，他们相信一定会有办法解决的。后来他们通过层层申报批准后，使问题得到解决。

当新的餐厅建成以后，白梅开始卖炒菜，慢慢做起接待宴席，一切都非常的顺利。2000 年，白梅买了块空地，建了三层楼的餐饮楼，成立了福苑餐饮有限公司。公司注册成立后，发展非常迅速。2004 年，白梅把整个 3000 平方米的地全部买下来，盖起了另外一栋楼。后来她顺应潮流，迎合市场，在经营的过程中，发现客户吃完饭一般都喜欢唱歌娱乐，她便在餐饮楼旁建了一个 KTV，方便客户吃完饭后娱乐。

随着公司的慢慢壮大，白梅决定要将自己的餐饮公司多元化发展。2009 年，白梅成立婚庆公司，她的婚宴消费占到整个固原餐饮的 70%。2012 年，白梅又把业务扩展到宾馆，10 月份白梅又有一个 6000 平方米的火锅店开业。白梅的公司现在拥有上千名员工，已经成长为宁夏知名的大型餐饮企业之一。

白梅是个爱学习、不断自我精进的人，当她发现自己的烹饪知识不足时，就主动去进修厨师专业；当她发现公司管理出现问题时，就主动去学习管理方面的知识；当她发现自己的演讲水平不好的时候，就主动去学习演讲……

白梅第一次了解巨海是从我的《从优秀到卓越》这本书开始，读完之后白梅感触非常深，她觉得书中的人真的十分卓越，书中的很多知识可以用在自己的企业中，她把书反复看了几遍，每次都做笔记并发短信与身边的朋友分享。

后来她参加了巨海的“演说智慧”比赛，经过三轮的演讲 PK，白梅以《幸福的境界》这个主题夺得了演讲冠军。

白梅说："牵着巨人的手，你一定会成长很快的！自从我和成杰老师学习公众演说，我的格局、说话的水平比以前跨了一大步。成杰老师每次都会给我提供机会上台演讲，我学习完后就和员工分享，我的员工都说我发生了很大的变化。"

走进巨海，白梅的心变得柔软起来，她开始对生命中出现的人，发生的事都充满了感激。以往，她和很多企业家一样，对员工充满了抱怨和漠视，员工看到她也远远地躲着，不敢接近。在巨海上完几天的课程后，白梅意识到了自己的问题，她决定立即改变，当下成长。于是，在回公司的第二天，她早早地来到公司，站在大堂门口等待员工的到来，每见到一个员工，她都笑着打招呼，并说句："欢迎来上班！"

起初，员工们都吓傻了，以为老板疯了，可是，一天，两天，三天……一个月，两个月，三个月……白梅依旧坚持着，这让员工们格外感动，与白梅之间的距离也越来越近。现如今，公司的很多员工都亲切地喊白梅妈妈，工作之余还喜欢和她腻在一起。

走进巨海，白梅不断地成长精进，她将学到的内容和知识毫无保留地分享转训给自己的员工，分享给自己的客户，甚至分享给同行好友。2011 年的一天，白梅与谢蔡美、施晓华、邵赛琴四位老总在一起聚餐时，谢蔡美与白梅就发起了加入巨海公司的提议，同学们都很赞同。在巨海集团三周年庆典后，四位老总被我的梦想、使命及巨海人的热情和巨海的课程深深折服，他们决定加入巨海。白梅说："选择加入这个事业我们不为了挣钱，因为我们股东都有自己不错的产业，我们要向成杰老师学习，去帮助更多的人。”

巨海集团宁夏分公司于 2012 年 2 月 23 日正式成立。

回首前路，白梅感慨道：“我以前常认为自己的年龄大了，学习似乎也没什么动力了，现在我不这么想了，生命的成长在于日日精进，活到老，学到老。况且巨海有这么好的课程，现在我不用走出宁夏了，我在家都可以学到很多的知识。我非常喜欢巨海这个平台，我也很尊敬成杰老师，我相信巨海未来一定会做大，我们也会全力支持成杰老师，我们要让巨海集团宁夏分公司成为中国西北最大的教育培训公司！”

【觉醒】今天的我，有比昨天更优秀吗？

世界现代史上有这样三个人。第一个人年轻时曾经信奉巫医，酗酒成癖，嗜烟如命，有两个情妇；第二个人刚刚走上社会时最大的特点是贪睡，每天到中午才起床，每晚要喝一公斤白兰地，曾因吸食鸦片被两次赶出办公室；第三个人曾经是国家战斗英雄，坚持素食，不吸烟，只是偶尔喝一点啤酒，在整个青年时代没有任何违法犯罪的记录，一次都没有。

在这样三个人中，哪一个能成为造福人类的人呢？毋庸置疑，多数人的选择都是第三个人。然而，这个选择是大错而特错了。这三个人都是第二次世界大战期间的风云人物：第一位是富兰克林·罗斯福，身残志坚，连任四届美国总统；第二位是温斯顿·丘吉尔，英国历史上最著名的首相，曾获 1953 年诺贝尔和平奖；第三个是臭名昭著的阿道夫·希特勒，一手夺去了几千万无辜生命的法西斯恶魔。

人，过去是什么样子，并不重要，重要的是未来我们要成为什么样的人。如果想要改变，就一定能改变。改变成什么样子，最终取决于自己。与自己“较劲”，就是一个日日精进的过程，就是一个使得自己由“小人”向君子转变的过程。

今天的我有比昨天更优秀吗？成功学专家安东尼·罗宾主张，我们不妨在每天结束工作时，好好问自己下面的这些问题：

今天我到底学到些什么？

我有什么样的改进？

我是否对所做的一切感到满意？

我有没有给自己提出更高的要求？

如果上面的答案都是肯定的，说明你每天都能改进自己的工作，你必然能够如愿实现自己的人生价值。

一个不能日日精进的人，就是在背叛自己的梦想；一个能不断自我超越的人，就是在呵护自己的梦想。

触动行动

请列出你日日精进、自我超越的计划

第 10 大法门

生命的蜕变在于真正决定

决定决定命运，而决心决定成就的大小。达摩真正决定，菩提树下悟道成佛，成为禅宗始祖！

神光断臂求法，以表求法诚意和决心，终成禅宗二祖慧可！

诸葛孔明真正决定，匡扶汉室，三分天下！

一心所向，无所不能；一心所向，无所不达。

飞蛾扑火，在于决定追求光明；精卫填海，在于决定选择坚持；大禹三过家门而不入，在于真正决定造福黎民。

真正决定，决定人生方向、目标、梦想，真正决定，具足信心一往无前，真正决定便开始蜕变。

人生需自我决定，无须他人指点，决定随心而定；真正决定需改心，改心才能改命；所谓：心乃众智之要。心能地狱，心能天堂，心能凡夫，心能贤圣。真正决定在“起心动念”间，决定向上向善，便有天堂人生；决定向下向恶，便有地狱人生。

真正决定需勇气推动，信念支撑；需内心虔诚与恒定；需抛弃固有模式，重新飞翔。一旦决定，便持之以恒，纵使前路刀山火海，万丈深渊，也不言放弃。

人需开启智慧，寻求蜕变，而后，真正决定，追求新的人生，墨守成规，终将碌碌无为，平平庸庸；真正决定，便是觉醒，便是生命升华；真正决定，便是奔向新生命，迎接新生活。真正决定，要有坚定的内心，洒脱的姿态，果断的行动。

真正决定，势必坚持，犹如水滴穿石，不在于水之力量，而在于水之坚持，坚持可创无穷力量，可现惊世奇迹。

真正决定，不畏艰难，不畏困苦，心无二用，奋斗不息，拼搏不已！

世有千路，人皆只择一路，真正决定，人生便有目标，便有方向，梦想便清晰可见。为决定奋斗，生命便绽放光彩！

百心不可得一人，一心可得百人；百心难成一事，一心可成百事。

【缘起】走出去，更精彩

我 16 岁的时候，因为家境贫寒，父亲又身患重病，没有办法继续上学，只能接着老爸老妈的锄头，跟着他们挖地种田。

一天早晨，我陪着父亲下地干活。我那时候非常喜欢文学，非常喜欢汪国真的诗歌，带了一本诗集《热爱生命》。

> 我不去想是否能够成功，
> 既然选择了远方，
> 便只顾风雨兼程。
> 我不去想能否赢得爱情，
> 既然钟情于玫瑰，
> 就勇敢地吐露真诚。
> 我不去想身后会不会袭来寒风冷雨，
> 既然目标是地平线，
> 留给世界的只能是背影。
> 我不去想未来是平坦还是泥泞，
> 只要热爱生命，
> 一切，都在意料之中！

我们埋头挖田，一干就是两个多小时，累得大汗淋漓。

父亲说："我们休息一下。"我便坐在一旁的田埂上，拿着诗歌在那里看，父亲看了我一眼，说："学都不上了，还看什么书呢。"

我说："难道要上学才可以看书吗。"

"你看，当农民多么不容易，一年到头忙活下来，吃不饱，穿不暖，交学费都成问题。"父亲抽着烟，"这是命，有什么办法。"

"老爸，我告诉你，这辈子我是不会当农民，我是不会永远种田的。"我说得斩钉截铁，语气里是满满的肯定。

父亲非常诧异地看着我，大概是不明白我哪里来的自信吧，足足看了我一分钟之久，然后说："难道你还能上天不成吗？"

我说："爸，不信，我们走着瞧。"

就在那一刻，我做出了生命中很重要的一个决定——我不会当农民，也不要种一辈子的田，因为那不是我要过的日子！

2001 年 2 月 16 日，我带着 560 元钱走出了大凉山，从家走到乡上走了 45 分钟，从乡上坐了 1 个小时的班车，到了城里，从城里坐了 30 分钟的客车到火车站，从火车站坐了 12 个小时的火车到成都。从此，我便彻底地走出了大山！

尽管我 16 岁以后的人生仍然坎坷，磨难与贫穷仍旧对我穷追不舍，但走出大山的这个决定，对我意义重大，它是一个拐点，改变了我整个人生未来的轨道。

我很庆幸，我很感恩，我和父亲的那次对话成就了我，使我做出了一定要走出大山的决定，是我曾经的决定决定了我今天的结果，是我的决定决定着我人生的命运。

一个人的生命为什么会蜕变，那是因为他的内心，他做出了一个真正的决定！人生所有的结果都来自于你的行动，所有的行动都取决于你的决定。一个真正要改变的人，是没有任何困难、任何挫折可以阻挡他前进的步伐的。

有些人总是难以改变，坚持做某件事却只有 3 分钟的热度，这是因为他们的决心不够。有志者自有千方百计，无志者只感千难万险。

所以，在这个世上唯一能够限制你的就是你的思想，唯一能够限制你的就是你的想法，唯一能够限制你的就是你的决心。

【悟道】决定，决定着命运

十年时光，我从餐馆服务员到街头卖报；

从路边摆书摊到进入长虹厂当流水线工人；

从开书店到进入教育培训行业；

从销售员到大学校园公益演讲；

从孤孤单单一个人到组建团队；

从小打小闹到加入培训行业巨头；

从西昌到绵阳，再到南京，实现勇闯上海滩；

从什么都干到专注演讲；

从知名演说家到创办巨海公司；

从“独善其身”自己致富，到“兼济天下”立志捐建 101 所巨海希望小学……

时光荏苒，岁月如梭，我从自卑迷茫、流浪街头的无名小卒到魅力四射、身价过亿的巨海集团董事局主席，这一切都源自于我每一次的真正决定，决定后义无反顾地行动，我通向成功的每一个脚印中，都刻下一个重重的决定，一段艰辛的拼搏历程！

● 决心决定成就的大小

“有志者，事竟成，破釜沉舟，百二秦关终属楚；苦心人，天不负，卧薪尝胆，三千越甲可吞吴”，这副脍炙人口的对联讲述的是西楚霸王项羽与越王勾践的故事。项羽出征秦军，“悉引兵渡河，皆沉船，破釜甑，烧庐舍，持三日粮，以示士卒必死，无一还心。”他这种不留退路，非打胜仗不可，下决心不顾一切地干到底的做法使得全军上下爆发出强大的战斗力，巨鹿一战，项兵大破秦军，威震诸侯。

而越王勾践在吃饭的地方挂上一个苦胆，每逢吃饭的时候，就先尝一尝苦味，提醒自己不忘丧国的耻辱，他还把席子撤去，用柴草当作褥子。经过十年的艰苦奋斗，越国终于兵精粮足，转弱为强，最终雪耻灭吴。项羽和勾践都创造了以弱胜强的奇迹，其根本就在于他们的决心，势必取得胜利的决心让他们成为最终的成功者。

“事必成”的决心决定着我们能否成功。它能引领我们克服各种看似不能解决的困难，直至最终取得成功。

牛津大学曾举办过一个成功秘诀讲座，邀请当时的英国首相丘吉尔前来演讲。演讲那天，会场上人山人海，人们准备洗耳恭听这位大人物的成功秘诀。不想丘吉尔却只说了几句话，他说他的成功秘诀有三个：第一是，决不放弃；第二是，决不、决不放弃；第三是，决不、决不、决不放弃。说完他就走下讲台。会场上沉寂片刻，突然爆发出热烈的掌声，经久不息。是的，下定决心，绝不放弃，一往无前地去行动，这就是成功的真正秘诀。

心理学上有一个叫“期望强度”的概念，指的是一个人在实现自己期望达成的预定目标过程中，面对各种付出与挑战所能承受的心理限度，或曰其欲望的牢固程度。如果一个人的期望强度太脆弱，将无法面对残酷的现实或自身缺点的挑战而半途而废。只有那些一定要成功的人，他们才有足够牢固的期望强度，所以能排除万难，坚持到底，永不放弃，直到成功。

2013 年 9 月我们邀请到世界第一名畅销书《心灵鸡汤》的作者，拥有过亿美元资产的马克·汉森来中国演讲，他在“亿万富翁制造机”研讨会中说：想要成为有钱人的第一件事，你得先花一分钟下定决心成为有钱人！聪明的有钱人和穷人最大的不同是，穷人不愿意花一分钟下定决心让自己变有钱。穷人连一分钟都不愿意专注在金钱上，反而浪费时间去抱怨或自怨自艾。

一个人要成功，下定决心是非常重要的，没有下定决心要成功的人想要取得成功是不可能的事情。尼采说："一个有强烈决心的人将无所不能。"

成功来源于你是想要，还是一定要。如果仅仅是想要，可能什么都得不到；如果是一定要，就一定有方法可以得到。

● 生命的质感，化茧成蝶

在蛹蜕变成蝶的过程里，顽强的生命要经历无数个没有阳光、没有微风、暗淡无光、寂寞相随的日子，只有在经过一次生与死的抗争，经历一轮痛苦而又艰辛的过程后，这只又丑又笨的毛毛虫才能挣脱命运的枷锁，蜕变成一只优雅、翩翩起舞的蝴蝶，才能争取到那份属于自己的自由和蔚蓝的天空，翱翔在缤纷绚丽的大千世界里，尽情地展现自身的魅力。

蝴蝶如此，人类亦然。我们的生命同样是在一次次艰辛痛苦的蜕变中得以延续和升华的。

父母给予我们生命，我们活着面对这个世界，就好比一只正在蜕变的蝴蝶。

那些我们自认为的困难就是束缚我们的茧。只有像蝴蝶那样顽强不息地为一个梦想去拼，去冲，去闯，去奋斗，去创造，经过艰辛努力，经历一次次痛苦与磨难，摆脱命运的束缚后振翅高翔，舞出多彩人生。

当我决定要走出大山的时候，就再也不甘于山里贫穷的生活。我要成功，就要付诸行动去外面闯荡。在 2001 年 2 月 27 日，我经成都来到了四川绵阳，借宿在一个打工老乡租的小房子里，老乡睡床上，我就铺张硬纸板睡在水泥地板上。因为没有学历，没有背景，没有工作经验……

为了生存，我辗转在不同的行业里，在人生的分岔路口不断做出选择。卖报纸、摆地摊卖书，炎炎夏日背空调、安装空调，到长虹公司做搬运工人、流水线工人，然后我决定要开书店。

在 2003 年 5 月，43 平方米的成杰书社正式开张了。现实却是书店营业一个星期，我卖的书竟然还没有摆一星期地摊卖得多。主要原因是，商场刚刚开业，顾客流量太少。

成功的人要为成功找方法，我把店里的音响设备从二楼搬到商场一楼外的广场上，摆上两张桌子和椅子，还摞了几摞精心挑选出来的书籍，布置了一个简易的舞台……在下午人稍稍多一点的时候，我拿起话筒就开始演讲了——

“穷人因书而富，富人因书而贵。坚持学习的人学到知识，坚持练习的人学到本领，坚持修炼的人学到境界。人，因梦想而伟大，因学习而改变，因行动而卓越。因为，人们最初所拥有的只是梦想及毫无根据的自信而已。但是，所有的一切奇迹都是从这里出发……”

我的演讲吸引了很多人前来围观，那天下午书店的营业额暴增。通过演讲我让更多人知道二楼有一家书店，书店的老板是一个很会演讲的小伙子，书店里有很多充满正能量的好书！

演讲带来的成功，使我对自己演讲的能力有了更大的信心，也对演讲更加迷恋，我每天早上 6 点钟起床，做完俯卧撑，就跑到出租屋后面的一座山上练习演讲，站在山顶上，向万里长空，大声喊出自己的人生目标。上午，我在书店里如饥似渴地吸收书的营养，下午又把音响设备搬到楼下，演讲卖书。那段时光可以用几个字来形容——激情燃烧的岁月。

在那段岁月中我认识了生命中重要的一个贵人——李显耀，在 2003 年 7 月 17 日下午 3 点钟，李显耀给我打了一通电话：“成杰，你不是很喜欢演讲吗？今天晚上有一场演讲，你要不要去听一下？”

听说有演讲，我马上就心动了：“好！”

我听了两个半小时的演讲，我觉得这是我梦寐以求的人生，我暗暗地给自己做出了一个决定，我要进入教育培训行业，我要改变自己的命运。

讲台上那个身穿一套白色西装的老师，年轻、帅气、风度翩翩、口若悬河、魅力四射，他那一举手一投足的讲台魅力，那时而高亢时而低沉的语气，那嬉笑怒骂皆成文章的感染力，还有台下那阵阵雷鸣般的掌声，深深地印入了我的脑海里，烙进了我的心灵深处。

原来，人还可以这样活着，生命的光彩可以以这样一种形式绽放！掌声响了又落，落了又响，演讲结束了，我坐在那里沉思了好一阵子，然后做出一个决定：我要加入这个团队，我要进入培训业，我要成为在台上演讲的那个人！

听完演讲的第二天，我便以一种“初生牛犊不怕虎”的态度走进了这家培训机构。没有一分钱的底薪，没有任何销售经验，没有客户资源，更没有人际关系！一切从零开始！没有人看好我？不重要！重要的是我一定要加入培训行业成为演说家的决心！

也许，生命就从此刻开始蜕变，从一个坚定的决定开始蜕变！正如蝴蝶幼虫，光有一个自由飞舞的蝴蝶梦是远远不够的，只有当它真正决定行动起来，吐出第一根丝并将自己重重包围，生命的蜕变才正式开始。

我每天开完早会，带上文件夹，就开始出去“扫楼”。所谓“扫楼”，做过业务员的人大概都很熟悉，就是认准一幢楼，坐电梯直接到最高层，然后一个房间、一个房间地敲门进行“陌生拜访”。为什么要拜访陌生人？卖东西。卖什么？卖老师的课程门票，200 元一张。为什么要去听课？凭什么跟你买？每一天，迎接我的都是一个个千奇百怪的问题，一扇扇紧闭的大门，一张张冷漠的面孔。今天的我深深地明白:“问题就是礼物”。

在第五天的时候，我卖出了三张门票，销售额 600 元，业绩确实不怎么样，但作为一个完全没有经验的新人，老师已经被我敢闯敢拼的精神打动了。

从此，在早会与夕会之间的一整天时间里，我都在林立的高楼中穿梭，在一幢幢高楼里的一间间陌生的办公室中走动，在与一个又一个陌生人面谈……

有一次，我敲响了一间老板的办公室大门，大门半开着，老板正在打电话，斜眼看了看提着业务包站在门口的我，忙用一只手捂住话筒，另一只手做个向外赶的动作，厉声说:“小子，你不要进来，小心踩脏我的地板!”我慌忙低头，看着那泛着红光的木质地板，一步步往后退，这时，我听到那个老板换了一种极为温和讨好的声音对着电话那边的人说:“呵呵，没事没事，一个跑业务的，我把他请出去了! Sorry! Sorry!”

那一刻，退到门外的我，脑子里轰轰地响，像有尖刀在心里乱舞一样。

“这真的是你要的人生吗?你为什么要选择这种四处奔波陌生拜访被人不理解的生活?你是不是被人洗脑了?你待在工厂里不是更稳定吗?你继续开你的小书店不是更安逸吗?你以为你这次的选择就真的没错?”一个声音从脑子里跳出来，像个小人一样嘲笑我打击我。

“是的!没错!这是通往我理想人生必经的路!不经一

番寒彻骨，哪得梅花扑鼻香！为了自己未来在讲台上更有影响力，我必须先从业务员做起，先从推广课程开始！我的选择没有错！继续勇往直前吧！”

终于，另一个声音把前一个声音打败了。在我加入公司的第二个月，我从一个不会销售不懂教育培训的新人，变成了销售冠军！我为自己争取了更多上台分享和演讲的机会。

● 蜕变的美，鹰的重生

鹰是世界上寿命最长的鸟类，但当鹰活到 40 岁的时候，它的爪子会逐渐老化，再也无法有力地捕捉猎物；它的喙变得又长又弯，会垂到胸脯的位置；它的翅膀会长出又密又厚的羽毛，让它的双翅变得沉重，难以飞翔。

此时的鹰只有两种选择：要么等死，要么经过一个十分痛苦的重生过程。如果想重生，鹰得独自飞到山顶，在山的高处准备重生。这是一个漫长而可怕的过程，重生的鹰要忍受莫大的痛苦煎熬和剧烈的身体创伤。

重生的第一步是除去老化的喙。鹰必须用头抵着粗糙的岩石，在石壁上一下下地摩擦，把老化的喙皮一层层磨掉，直到完全被剥离。难以想象这必须要忍受怎样的痛苦，而此时的鹰已经无法进食，它只能凭借体内不多的能量来支撑自己的生命，在痛苦的煎熬中静静等待。几个月后，新的喙慢慢生长出来。

鹰开始了重生的第二步。当新的喙长出来后，鹰使用喙把爪子上老化的趾甲一根一根拔掉，鲜血一滴滴洒落……然后又是痛苦而漫长的等待——奄奄一息的鹰在痛苦中长出了新的趾甲。

而此时它还得熬过最后一关：用新长出来的趾甲把身上又长又重的羽毛一根一根拔掉，鲜血淋漓，疼入骨髓……当新的羽毛长出来后，鹰完成了涅槃般的重生！

新的喙，新的爪子，新的羽毛，鹰又能重新捕食了，重生后的鹰能够再活 30 年！

这听起来和佛经中的“凤凰涅槃浴火重生”一样，其实人也一样，在一生中也常常要面临着浴火与重生的考验。要想开始一个新的过程，就要放弃旧有的生活、旧有的习惯，总要经历一番痛苦折磨，然后才能像雄鹰一样重新飞翔。

但是我们往往不敢或者说不愿意放弃旧有的思想、习惯与生活，我们哪怕知道维持现状就是终老，但却不迈出重生的一步。所以，我想我们需要的是自我革新的勇气，是让自己重生的决心。

在 2012 年 12 月 8 日，巨海集团四周年庆典大会上，我收下了第二位嫡传弟子秦以金。他是真正经过浴火重生的苍鹰。一个人要完完全全割舍那些旧有的生活方式、思维习惯是非常困难的，但是他决定要开始一种新的生活方式，他不但做到了，还做得非常的好，完成了真正的涅槃，获得了真正的重生。可见真正的决定是可以改变命运的。

“我曾经是父母老师眼中的‘坏孩子’，是妻子家人眼中的放荡不羁的浪荡子。”那天，秦以金在舞台上谈起过往，动了感情，36 岁的男人站在台上声泪俱下。

“虽然这些年，我也挣了些钱，开了 30 多家美容美发连锁店，勉强算得上是一个企业老板，我甚至曾经因为自己的一点小成功而骄傲，而自以为是。但是，当我一年前在杭州见到成杰老师的那一刻，听到成杰老师那么年轻却立志要捐建 101 所希望小学的时候，我突然间恍然大悟，原来我之前 36 年的人生都白活了！我以前所过的生活，都是没有灵魂的生活！

“从那天起，我决定换一种活法，我要跟随成杰老师，去实现生命的意义和价值！我多次提出要拜成杰老师为师，但多次被成杰老师拒绝！老师说，如果你真的有决心，那就先去讲 101 场免费的公益演讲吧！我接受挑战，从 2012 年年初到现在，我追随成杰老师，从上海到杭州，从杭州到成都，从成都到宁夏……我一边学一边讲，我真的讲了 101 场免费的公益演讲！

“我的父母、我的家人、我的妻子、我的孩子，都看到我的变化，他们欣喜地发现，我像变了一个人似的，不再夜不归宿，不再消极颓废，不再日夜颠倒，不再与朋友喝酒喝得天昏地暗……”

关于秦以金蜕变的过程，他是这样讲述我们之间的故事：

“一切都源于2011年12月30日这一天。就是在这一天我见到了生命中可亲可敬的恩师——成杰老师。当时在巨海集团杭州分公司召开的课程现场，我完全被成杰老师的舞台魅力所征服。

“当听完成杰老师奋斗的传奇故事后，我感觉自己与台上这个人走的路虽不同，但却有同样的辛酸和奋斗，从社会底层打拼起来的人，哪一个不曾经历风雨洗礼，哪一个不曾黯然伤神！

“而这些还不是给我震撼最多的，我当时在台下，仔细聆听舞台上的这个叫成杰老师的人讲‘说故事，谈梦想，给希望’‘企业管理的选人育人留人用人吸引人’‘如果爱没有增加，一切都是枉然’‘作为企业家要有大爱精神，有格有调’这些内容，实战、实用、实效，发人深省。给人的感觉是一个受过良好教育，学识渊博的教授，谈吐有道，言语不俗。

“我感觉自己过去的几十年白活了，没有目标，没有梦想，更没有追问过人生的终极价值。成杰老师说的每一句话都正中我的内心，我发现我们的思想和价值观是相同的，所不同的是自己并没有把这些上升为理论，没有将自身的经验提炼！

“当天深夜，我给成杰老师发了条信息：‘伟大的成杰老师，您好！我是秦以金，今天听了您的课程以后，深深地为您的创业经历和人生故事所打动，被您那无限的舞台魅

力和大爱格局所征服，我发誓我一定要追随老师，成为一个像您一样的超级演说家！’

“很快，我收到成杰老师的回信：‘以金，只要用心，就有可能；只要开始，永远不晚。以金，你一定可以的！’

“读着那二十多个充满正能量的文字，我的心倍觉温暖！

“那一夜，我无法入眠。我为自己遇上了成杰老师而兴奋，我觉得这一堂课，这个在讲台上挥斥方遒的‘80后’演说少帅，如同黑暗里的一盏明灯，一下子照亮了我人生的长夜。

“听完课的第二天正好是2012年的元月1日，我把那一天定为我新生命的第一天。我做了两个重大的改变：第一个改变，我以前都是黑白颠倒常睡到中午才起，从那天开始，我把闹钟调到早晨5点45分，向成杰老师学习，早早起来做俯卧撑，读书。第二个改变，我以前很好面子，为了挑战自己，我从元旦节那天开始，去到杭州铁沙河旁的城东公园，像成杰老师一样，我面对着铁沙河，面对着来来往往的行人，练习演讲……

“近乎一年的磨砺锻炼，从相遇开始，不管成杰老师的课是在哪个城市开，我都一路追随，风雨无阻。随后，我又只身一人，不惧山高路远，千里驱驰，奔赴成都，协助巨海集团成都分公司团队建设，并免费公益演讲101场！”

如今，秦以金终于完成了生命的蜕变，他脱胎换骨般的变化，心态好了，脾气好了，讲话慢了，连面相都变了！

这不就是佛家所说的“相由心生”吗?

如今的秦以金，已不仅仅是一位成功的企业家，更是巨海集团副总裁、企业家首席讲师，主讲“打造商界特种部队”课程。2013 年 6 月，他出版了第一本著作《选择与放弃的人生智慧课》。2014 年 12 月 18 日，巨海集团 6 周年庆典上秦以金被正式任命为巨海集团副总裁。

秦以金如果没有下定决心要改变自己的生活，还是以前那样，那么他会有今天的成就吗?不会。如果他在改变的时候没有坚持到底，半途就放弃了，他会有今天的成就吗?也不会。他因为经受住了痛苦的磨炼，所以才改变了自己的命运，让自己的人生更加精彩辉煌。

人生的道路虽然漫长，但关键时候却只有那么几步。如果放弃就意味着死，何不像鹰一样去拼一把?“人生能有几次搏”，鹰的机会只有一次，我们的生命也是有限的，谁不想自己有个潇潇洒洒的壮丽人生?

与其在痛苦的后悔中度日，倒不如像鹰一样经过一个痛苦的蜕变过程而获得新生。我们在很多时候所需要的是像老鹰一样自我改革的勇气与再生的决心。

鹰的蜕变是一种精神，一种勇敢，一种毅力。凤凰浴火重生也就是同样一个过程。其实尽管抉择的过程是一个痛苦的过程，但在观望和等待中错失良机而后悔的痛苦是前者的千百倍。所以我们应该坚忍地面对生活，活出生命的精彩，像鹰一样，实现蜕变，获得新生。

【践行】坐而论道，起而践行

马祖道一是四川成都人，俗姓马，在佛教僧侣中，以俗姓称祖的，可能就是他了。

马祖十二岁出家当了和尚，后来到南岳拜怀让为师。

一天，怀让看马祖整天呆呆地坐在那里参禅，于是便见机施教，问："你整天在这里坐禅，图个什么？"

马祖说："我想成佛。"

怀让就拿起一块砖，在马祖附近的石头上磨了起来。

马祖不解地问："师父，您磨砖做什么呀？"

怀让："我磨砖做镜子啊。"

马祖："磨砖怎么能做镜子呢？"

怀让："磨砖不能做镜子，那么坐禅又怎么能成佛呢？"

马祖："那要怎么样才能成佛呢？"

怀让："这道理就好比有人驾车，如果车子不走了，你是打车呢？还是打牛？"马祖无法回答。

怀让又说："你是学坐禅，还是学坐佛？如果学坐禅，禅并不在于坐卧。如果是学坐佛，佛并没有一定的形状。对于变化不定的事物不应该有所取舍，你如果学坐佛，就是扼杀了佛，如果你执着于坐相，就是背道而行。"

马祖听了怀让的启示教诲，顿觉醍醐灌顶。从此，马祖才真正悟了道，便跟随怀让整整十年。马祖离别怀让后，便到江西去做方丈，在怀让的六位入室弟子当中，只有他得到了心传。

人这一生心在哪里，财富和成就就会在哪里；财富和成就在哪里，荣耀就在哪里。一心所向，无所不能；一心所向，无所不达。

● 强者践行，弱者证明

现在，很多人功成名就后都会买豪车豪宅，我也曾经有过这个梦想，在 29 岁的时候，我定下了 30 岁时要买一辆劳斯莱斯的目标，可是后来我改变了此想法。我问我自己：我买车的目的是什么？难道是有面子，我要通过劳斯莱斯来证明给别人看，我很厉害，我很成功吗？

我进一步问自己：别人看到我开好车，会认为我很厉害，他们会因此成为我的学员吗？答案是不会。想到这里，我顿悟了：成功是不需要证明的，你要证明就说明你还不够成功。成功不在于我开什么车住什么房，而在于我们的产品是否真正对客户有价值有帮助。想到这里，我立刻决定，要把计划买劳斯莱斯的钱化整为零，让跟着我一起奋斗的巨海同人们都能开上宝马、奔驰、路虎、保时捷、奥迪。

现在，有不少巨海人通过自己的努力开上了宝马、奔驰、路虎、保时捷、奥迪，更多的巨海同人通过努力拥有自己的房子，同时也把巨海引领到了一个全新的高度，巨海的影响力也越来越大，建立 101 所巨海希望小学的梦想一步步在实现。

强者践行，弱者证明。真正强大的人不会在乎外在的东西，他们不需要名车名表，不需要名衔名头，他们会用实际行动让世人永世难忘。

在 1980 年，李嘉诚正式入主和记黄埔董事局，手里有钱了，他首先想到的是做一点有意义的事儿。为了改善家乡潮州贫困落后的状况，他为潮州的医疗事业捐款 2200 万港元，随后兴建潮州大桥捐资 450 万港元。为了支持家乡的医疗、体育、教育研究，他多次向有关部门捐款，每笔数额都在 10 万港元以上。

李嘉诚本性忠厚善良，他认为自己做的事情都是应该做的，并不觉得自己有多么伟大，所以虽然他广行善举，潮州人民也对他充满感激，但他还是拒绝了以他的名字命名潮安、潮州两所医院的好意。后来，中国北京、香港和加拿大等地多家大学感谢李嘉诚的贡献，要颁授荣誉博士学位给他，有多家西方著名大学也争相颁授荣誉学位给这位世纪“超人”，但都被他婉拒了。李嘉诚这种不需任何证明，只是默默行动的做法让他成为实至名归的“超人”，使他成为真正的强者。

神光是如何成为禅宗二祖的

去过少林寺的人都知道，在少林寺方丈室后面有一个立雪亭，立雪亭佛龛上方有一块写有“雪印心珠”的牌匾，乃是清乾隆皇帝所书，这里有一个感人至深的故事。

北魏孝明帝正光元年（公元 520 年），有位法名神光的和尚从洛阳香山寺来到少林寺拜访达摩，一心想得到祖师的真传。之前，达摩在南京雨花台和神光会见时，神光傲气十足，极不谦虚。现在神光提出向达摩求教，达摩不知他有无诚心，便婉言拒绝。神光并不灰心丧气，仍步步紧跟达摩。达摩在洞里面壁坐禅，神光合十，侍立其后，精心照料，形影不离。神光跟随达摩九年之久，对禅师的一举一动，真是心悦诚服。

达摩离开面壁洞，走下五乳峰，回到少林寺，料理日常的佛事活动，神光也跟随师父从山洞回到寺院。时值寒冬，有一天，达摩在后院达摩亭坐禅，神光依旧矗立在亭外，谁知天有不测风云，夜晚达摩入定以后，鹅毛大雪铺天盖地压了下来，不一会儿，积雪逾尺。这时，大雪淹没了神光的双膝，浑身上下好似披了一层厚厚的毛茸雪毯，但是神光仍然双手合十，兀立不动，虔诚地站在雪窝里。

第二天一早，达摩开定了，他走到门口一看，神光在雪地里站着。达摩问道：“你站在雪地里干什么？”神光答道：“向佛祖求法。”达摩沉思片刻说：“要我给你传法，除非天降红雪。”神光听了，毫不犹豫地抽出随身携带的戒刀，向左臂砍去，只听“咔嚓”一声，一只冻僵了的胳膊落在地上，鲜血飞溅，染红了地下的积雪和神光的衣衫。

达摩感到神光为了向他求教，长期侍立身后，今又立雪断臂，原来的骄傲自满情绪已经克服，信仰禅宗态度虔诚。于是，达摩便将象征佛法真传的衣钵、法器传给了神光，并给他取法名“慧可”。慧可就此成为少林寺禅宗的第二代，被称之为“二祖”。为了纪念二祖立雪断臂，寺僧们将“达摩亭”改为“立雪亭”。

慧可能成为禅宗二祖的根本就在于心定。心定，就会身定，身定，自然神定。神定，然后一切都能定。人一“定”，就会释放出神奇的能量，创造出超乎想象的奇迹。当你不“定”时，一切都是虚幻的，当你“定”时，则万事可成。定自己才能定天下。

一心可得百人，百心难得一人；一心可成百事，百心难成一事。

● 只有一个选择的时候能量最强

机会造就伟人，抓住一个机会，乘风而上，我们将很容易取得成功。然而，现实生活中，往往会遇到这样的情况：一个又一个机会出现在你面前，一个又一个的诱惑供你选择，这个时候，你却无所适从了。人生中最困难的莫过于选择，很多时候，太多的机会、太多的选择会让我们迷失了方向，而只有一个选择的时候，我们的能量却是最强的，它能让我们义无反顾，创造奇迹。

记得当初做免费演讲的时候，真是拼到了极处：一天连续在不同的企业讲 7 堂课，14 个小时，连水都喝不上几口，还要回到出租屋准备第二天的演讲计划。最难的时候连 20 块钱都掏不出来……

讲了 8 个月的免费演讲，我突然接到一个电话，是一家名为“绵阳知心苑化妆品有限公司”田建华总经理打来的，请我去为她公司员工做一天的培训，并询问需要多少钱的出场费?

“田总，很高兴能为您公司做培训。至于费用的问题……”第一次有人要花钱请我去做培训，我激动得心跳加速，一时竟不知如何回答，“要不，您说个价吧?”

“还是你说吧！”田总把我抛过去的问题又抛了回来。

“还是你说吧！”

“你说！”

“你说！”

……

我们两人像是打乒乓球似的，推了好几个来回，最后还是田总试探性地开了个价：“那就……400 元讲一天吧?”

学了这么久的演讲，免费讲了 640 场，现在终于有一个人愿意花钱请我演讲了！400 元！对于当时的我来说，400 元并不重要，重要的是老天看到我的付出，得到客户的需要与被尊重！

价钱谈好之后，一个新的问题摆在我的面前：从开始演讲到现在，我一场演讲最长也就讲两个小时，可现在，要讲一整天，而且是给员工做培训！讲什么？怎么讲？

第一次接下一整日的培训课程，留给我准备的时间只有一天。我想到了自己的人生贵人李显耀。李显耀经常给他的销售团队做培训，有经验。于是，我和他共同合作，各讲半天。第二天，我讲上午半天，李显耀作为特邀讲师讲下午半天，我们两人配合得非常默契。绵阳知心苑化妆品有限公司的田总对我们的培训效果很满意，并答应介绍她更多的企业家朋友来邀请我演讲。

此时我开始意识到：我真的已经不再是那个曾经默默无闻的流水线工人了，我已经成为一位真正的讲师，我的演讲已经越来越有价值！

有人说，培训行业就像一条宽阔的大河，河的两岸风景如同冰火两重天：远远望去的“彼岸”，到处是鲜花、掌声、财富、荣誉、光环；而当下的“此岸”，却充满着汗水、泪水、委屈、辛酸甚至饥饿与寒冷。从“此岸”通往“彼岸”，只有一座独木桥，桥下波涛汹涌、险象环生，桥上形单影只、冷清孤独，但只要走上这座桥就一定可以到达辉煌的“彼岸”，这座桥的名字叫：坚持！

其实，哪一个行业哪一项事业又不是如此呢？哪一个神采飞扬、魅力四射、光芒万丈站在“彼岸”的成功者，不是从困顿艰辛的“此岸”，经过千难万险、千辛万苦却依然坚持着挺过去的呢？

宗庆后用了 26 年时间成为《胡润百富》和《福布斯》财富榜首富的“双料王”。杭州娃哈哈集团掌门人成功的背后，是大器晚成的一段艰辛岁月。

在海滩上挖盐、晒盐、挑盐，在茶场种茶，割稻，烧窑，那时的宗庆后与其他任何一个年轻人一样，“脑袋里有过各种各样的梦想”，“总想出人头地，总想做点事情”。1978 年，随着知青的大批返城，33 岁的宗庆后回到杭州，在校办厂做推销员，10 年里辗转于几家校办企业，依然郁郁不得志。待到他开始创业的时候，已经是一个 42 岁沉稳的中年男子。

对多数人而言，42 岁已是到了被生活磨得精疲力竭、转而把人生愿望寄托到下一代的岁数了。

当年宗庆后创业时手上握有借来的 14 万元巨资，但他只是简单地粉刷了一下墙壁，买了几张办公桌椅，就开张了。因为舍得吃苦，只要有人需要冰棍，不论刮风下雨还是烈日酷暑宗庆后都会准时送货，赚取几厘钱的利润。

后来，凭借自己摸爬滚打建立的销售网络，宗庆后筹建了杭州保灵儿童营养食品厂，生产儿童保健品。1991 年，娃哈哈集团公司得以组建，主营业务也开始转向饮料市场。1996 年，娃哈哈纯净水诞生，这意味着这家公司开始从儿童产品领域向成人产品领域拓展。如今，娃哈哈已成多元化的商业帝国，保持行业霸主地位已超过 14 年。

生命是一个追求自我完善的过程，就如花儿从孕育到开苞，再到最绚丽的怒放瞬间，都会经过一段与天与地最顽强的抗争，才迎来最美最夺目的感天动地的美丽。为了那段感天动地的美丽，我们在生命的舞台上尽情地舞动，尽情地挥洒，只为了验证生命可以真的如此璀璨。

【觉醒】蜕变从心出发

释迦牟尼告诫众生：人的一生就是一次完美的旅行，人人都应该以“智慧”为舟，从当下出发，渡尽苦难，到达彼岸。通往彼岸的成长之路，叫作“菩提路”；用智慧通达彼岸的生命旅行，叫作“般若行”。其中，生发智慧的根本在于“心”。唐代著名高僧永嘉禅师说：“梦里明明有六趣，觉后空空无大千。”意思是说，人只有明心，才能见性。这里的“心”指的不是我们通常理解的野心、雄心、信心等，而是真我自性。

法国国王路易十六被赶下王位、关在牢中，年轻的王子则被赶国王下台的那帮人带走。他们想，若能在道德上把他摧垮，那他永远也无法实现生活赋予他的伟大使命。他们把王子带到遥远的山区，让男孩接触各种卑鄙邪恶的事物。提供让他成为饕餮之徒的各种美味，让他成天听粗鄙之言，接触淫荡猥亵的妇女，处处是不讲信誉、卑鄙无耻。

一天 24 小时让他处于这种环境之中，接连 6 个月都如此，但是男孩没有一时一刻屈从于压力。他们最后问他，为何他能不沦落其中？这些事物能提供欢娱，能满足欲望，它们就在那儿，唾手可得。男孩答道：“我无法这么做，因为我生来就是做国王的。”

“我是个国王”，一个清晰的真我定位，让一个年轻人在种种邪恶面前，始终昂扬着头颅，坚守住了自己的灵魂。

著名的皮格马利翁效应说，你期望什么，你就会得到什么。只要你真正做出决定，充满自信的期待，只要真的相信事情会顺利进行，事情一定会顺利进行，相反的，如果你相信事情不断地受到阻力，这些阻力就会产生，成功的人都会有坚定的态度。

从一名普通教师到商界领袖，从顶尖的大公司高层到普通员工，从替人打工到拥有自己的公司，这一切对于如今已经是巨海集团眉山、乐山分公司总经理，巨海集团合伙人的高杰来说，过去的所有经历都只是经历，唯有今天的所为才是事业。

2015 年 1 月 20 日，高杰应邀走进“一语定乾坤”研讨会的课堂。事业如鱼得水的高杰，内心却常常没有方向，通过三天的学习，完全被我的课程内容及演说魅力所折服，课堂上完全不一样的气氛让他热血沸腾，衣服湿了又干，干了又湿，高杰被深深震撼了。这堂课不仅让他学着打开肢体语言，学习演说技巧，更重要的是，打开了他心里没有人生目标的结，让他重新审视人生，梳理走过的路，找到新的前行方向。

教育培训才是最利众利他的事业，唯有能够帮助他人改变命运，自己的生命才更有价值。“生命的蜕变在于真正决定”，当高杰结缘巨海，走进我的课堂，就意味着即将改变，而在我影响人、帮助人、成就人的影响下，他决定融入巨海，成为巨海集团的合作伙伴！

2015 年 1 月底，高杰走进巨海集团上海总部深入考察，同年 3 月，他又带着两位助手再次来到总部驻扎下来潜心学习，从企业运营到项目落地，从企业文化到领导修炼，通过一个月系统地了解和学习实战方案，他下定决心要做好眉山分公司、乐山市场，跟随我去实现新的人生目标。他确定好新的合作伙伴，组建了巨海集团眉山、乐山的分公司，高杰作为巨海集团的合伙人任巨海眉山、乐山分公司总经理，和他的 4 位合作伙伴一起，很快打开眉山、乐山市场。

在我的感召下，高杰越发清晰未来的发展方向，越发感受到生命的意义和存在的价值。忙碌的生活让他充实，能够成就别人、帮助他人也更加丰盛了他自己。

“活在当下，传播成杰恩师的正能量和大智慧，去影响更多的生命将是我的使命和追求。”高杰带着这样的使命感再次高飞。

找准自己人生的位置，确定未来发展的方向，不仅仅是对我们的一种促进，更是对我们误入歧途的一种有效约束。蜕变从心出发，每天不妨问问自己：我是谁？我要到哪里去？我要如何去？心明了，方向就对了。

触动行动

请写出你自己理想中的样子

巨海集团
EDUCATION OF JUHAI
演说家
弟子班
DIZIBAN
DISCIPLE CLASS
秘训
An Shao Jia Di Zi Ban Mi Xun
一对一辅导，高端私房课

峨眉山大酒店
EMEI SHAN GRAND HOTEL
峨眉山大酒店欢迎您
公司直属的一家四星级养生、休闲、度假型酒店；

生命智慧的十大法门™

生命的拥有在于时时感恩

生命的能量在于焦点利众

生命的伟大在于心中有梦

生命的强大在于历经苦难

生命的喜悦在于传道分享

生命的价值在于普渡众生

生命的绽放在于内在丰盛

生命的幸福在于用心经营

生命的成长在于日日精进

生命的蜕变在于真正决定

ULTIMATE WISDOM OF SPEECH
演说智慧终极班
掌握演说智慧 胜过百万雄兵
No one Cannot be Persuaded

WISDOM OF SPEECH
终极

我热爱演讲，我乐于分享，我就是天生的演说家！